重力梯度水下探测与导航

纪 兵 边少锋 金际航 蒋东方 著

本书得到以下项目资助：
国家自然科学基金项目(No. 41374082,41474061)
军队"2110"三期建设
海军工程大学自然科学基金项目(No. HGDKYJGZX15011)

科学出版社
北京

内 容 简 介

本书提出一种水下利用重力梯度测量探测不同障碍物的新方法，其特点是利用重力梯度仪对近处质量异常（或密度异常）敏感的特性，发现潜器周围的障碍物，为其避碰提供依据，从而保障潜器的水下航行安全。同时结合当前海洋物理场匹配辅助导航的热点问题，分析重力梯度仪外部补偿惯性导航系统的效果，为提高惯性导航系统的精度提供参考。本书的研究拓展了重力梯度仪的应用领域。

本书可作为大地测量、海洋测绘、海洋地球物理等专业的本科生和研究生及从事相关专业的科研人员、工程技术人员的参考书。

图书在版编目(CIP)数据

重力梯度水下探测与导航 / 纪兵等著 . —北京：科学出版社，2016. 9
ISBN 978-7-03-049639-3
Ⅰ. ①重… Ⅱ. ①纪… Ⅲ. ①重力梯度-水下探测 Ⅳ. ①P223②U675. 7
中国版本图书馆 CIP 数据核字(2016)第 201419 号

责任编辑：张艳芬 纪四稳 / 责任校对：桂伟利
责任印制：苏铁锁 / 封面设计：蓝 正

科 学 出 版 社 出版
北京东黄城根北街 16 号
邮政编码：100717
http://www.sciencep.com
北京凌奇印刷有限责任公司 印刷
科学出版社发行 各地新华书店经销
*
2016 年 10 月第 一 版 开本：720×1000 1/16
2021 年 8 月第四次印刷 印张：8 3/4 彩插：2
字数：166 000
POD定价： 88.00元
（如有印装质量问题，我社负责调换）

前　言

随着现代材料技术、超导技术、信号处理技术、激光技术、冷原子技术等的发展，以及加工工艺技术水平的不断提高、计算机技术的广泛应用，重力梯度仪的研制得到了长足的发展，而重力梯度仪独特的优势使其在许多领域都具有广阔的应用前景，本书就其在水下导航与探测方面的应用展开探索性的研究。由于重力梯度仪在观测过程中是被动地接收采集外界信号，不用向外发射信号，因此对隐蔽性要求很高的潜艇等水下武器平台具有天然的优势，可以实现无源、全天候、长航时的探测和导航保障，具有极佳的军事应用价值。本书开展的研究拓展了重力梯度仪的应用领域，对相关领域的应用也具有一定的借鉴意义。

本书共 7 章。第 1 章为绪论，阐述重力梯度仪的发展历史、应用需求、研究背景，以及国内外在导航探测方面的研究现状。第 2 章介绍重力梯度的基础知识，剖析重力梯度测量的地球物理机制，深入研究不同规则形体产生重力梯度在空间的分布规律与特性，分析重力梯度的 9 个分量在空间的分布特性，为本书后续的研究奠定基础。第 3 章介绍重力梯度仪的结构与测量原理，重点分析旋转加速度计重力梯度仪、超导重力梯度仪及原子干涉重力梯度仪的结构、测量原理、误差源，对各种重力梯度仪的测量方式、特点进行分析，为相关部门的设备选型提供参考。第 4 章阐述重力梯度反演的知识，针对当前缺乏重力梯度实测数据的现状，研究利用目前已经积累的较高精度和分辨率的海底地形数据、重力异常数据和垂线偏差数据进行重力梯度反演的算法，从而构建必要的重力梯度背景场数据。对反演过程中涉及的平面积分、球面积分和梯形积分等不同方法进行分析，重点针对计算过程中涉及的奇异问题，研究利用非奇异变换来解决这类问题的方法，并进行非奇异变换之后计算精度的分析。第 5 章研究重力梯度仪外部补偿惯性导航系统，分析重力梯度仪外部补偿惯性导航系统的原理、方法及相应的数学模型。重力梯度仪在观测时可以消除载体运动加速度的影响，而不像重力仪那样无法区分重力加速度和载体运动加速度，因此可以为惯性导航系统提供较纯净的重力场信息，从而提高导航计算的精度。仿真分析有无重力梯度仪外部补偿情况下的惯性导航系统的位置和速度误差。第 6 章提出并分析基于重力梯度观测的水下目标探测技术。针对潜艇在水下运行状态的多样性，分析在潜艇上搭载重力梯度观测系统对水下海底凸起地形等固定障碍物的探测、潜艇在潜航时对与之相同潜深运载体的探测、潜艇在上浮时对水面运载体的探测等不同情形的研究，并依据重力梯度仪的测量分辨率得出不同情形下的探测能力的结论。第7章对本书的工作进行总结与展望。

边少锋制订了本书的写作提纲，并对全书进行了审校；纪兵负责第1、2、4、6、7章的撰写，并对全书进行了统稿；蒋东方负责第3章的撰写；金际航负责第5章的撰写。

在撰写本书过程中，得到了海军工程大学导航工程系各位领导及同事的大力支持和帮助；在与中国科学院测量与地球物理研究所、武汉大学、海军海洋测绘研究所的各位同仁的交流中受到很大启发，为本书的撰写提供了宝贵的思想源泉，在此一并表示衷心的感谢。本书由国家自然科学基金项目(No. 41374082，41474061)、军队“2110”三期建设和海军工程大学自然科学基金项目(No. HGDKYJGZX15011)资助完成，在此表示诚挚的谢意！

限于作者水平，书中难免存在疏漏或不足之处，恳请读者批评指正，如有意见或建议请发邮件至 jibing1978@126. com，不胜感激。

作　者

2016年6月于武汉

目　　录

第 1 章　水下探测和导航的应用需求与研究现状

1.1　研究背景

潜艇尤其是核潜艇是重要的战略武器平台，是一个拥有可怕打击力量、可以自由移动、秘而不宣的导弹基地，具有重要的威慑作用，正所谓"君子不战而屈人之兵"。核弹强大的核打击能力在关键时刻可以一招制敌，实现战略打击的目的，正是由于其强大的摧毁能力让人谈"核"色变，同时由于具备隐蔽性、发起攻击的突然性，核潜艇在军事领域备受关注，成为衡量一个国家军事综合实力的重要参考指标，因此现在世界各军事强国都发展或储备自己的核潜艇技术手段。

潜艇在遂行作战、演习的等待阶段从隐蔽性角度出发，需要关闭无线电、主动声呐等通信和探测设备，甚至关闭一些非作战平台设备来降低自身噪声，从而避免被敌方探测到，来达到在合适的时机发起进攻、实现突然袭击的军事效果。

潜艇在水下航行时与陆地上或空中的运载体最大的区别是它完全被海水这一特殊的介质包围，当它处于无线电静默状态时，常规的无线电导航方式由于电磁波信号无法穿透很厚的海水而无法应用，此时一些无源导航探测装备如惯性导航系统、计程仪等可以给出相对于出发点的速度、方位信息，作战人员可以从海图上根据速度和方位推算自己所处的位置；被动声呐可以侦听外界有声源的运动体，即便如此，声呐还会受到不可预测的海上环境的干扰，存在一定的探测盲区等缺陷，但是，除了能得到以上信息[1,2]，潜艇就完全处于"盲视"状态，无法了解自己所处的外部环境，也就很难确定自身的处境、外界是否存在安全威胁等，即便如此，以上提到的导航方式也存在一定的局限性与不足，如常规的水下惯性导航系统(inertial navigation system，INS)由于陀螺漂移误差、加速度计误差、重力场误差和海流海况变化的影响，导航定位误差随航行时间积累[3,4]，单一的惯性导航系统很难在水下隐蔽环境中长时间地提供精确的导航定位信息。在水下续航一定时间后，潜艇惯性导航系统必须借助外部其他系统进行校准或重调，从而不能满足潜航待命的时间要求；相对计程仪则由于水流、潮汐等因素的影响使其推算的精度较低，也无法满足长航时的精度要求;而海图(无论是电子海图还是纸质海图)都存在更新滞后的问题,而且出于测绘作业的规范,以及测绘作业的难度等,有些海域的海底地形地貌在海图上没有显示或者显示的要素不全面,同时还存在某些小尺寸的海底地形地貌会被忽略,这些都给潜艇的水下航行留下了很大的安全隐患。

正是由于以上因素,潜艇水下安全事故频发,而且造成的损失也令人触目惊心,据不完全统计,20 世纪以来,国际上潜艇发生了近 500 起非战时海损事故,直接导致 84 艘潜艇沉没大海,其中核潜艇有 7 艘[5]。在这些事故中,由于潜艇潜航时触礁、搁浅、触底,潜艇上浮时与水面舰艇、渔船相撞,水下潜艇之间的相撞等碰撞沉没事故占到 20%以上。图 1.1 为一起典型的海图没有及时更新造成的潜艇水下安全事故后损失惨重的情形,该潜艇为美国洛杉矶级核潜艇“旧金山”号,它于 2005 年 1 月 8 日在从关岛前往澳大利亚布里斯班的途中猛烈地撞上了一座海山。事后调查发现,其原因是潜艇上使用的海图是 1989 年绘制的,1989 年后一直没有进行修改。在这份过时的海图上,出事地点周围没有标示出任何水下礁石山体等主要障碍物,最近的图标也不过是 3mi(1mi=1.609344km)外的变色海水,而且即使是这一标示也是 20 世纪 60 年代日本报告的,已经过时。在老版海图交付使用 10 年后,美军间谍卫星曾经拍摄过一张出事地点周边海域的照片,表明水下发生了地壳运动,产生了海图上没有显示出的水下山脉。但间谍卫星拍摄的海洋照片有数千张,海图绘制部门在更新数据时是否充分参考了这些先进手段,目前还不得而知[6,7]。

图 1.1　美国洛杉矶级核潜艇在水下撞上海山后的情形

(http://jczs.sina.com.cn 2005 年 02 月 17 日 15:03 新浪军事)

以上事例表明,为了潜艇水下航行的安全,需要无源、更灵敏、更准确的探测手段,但是就目前的技术手段来看,没有非常合适的途径,其主要原因是很多探测手段不满足隐蔽性要求。与导航探测手段没有取得很好解决的局面相反,目前随着潜艇建造技术及国际上各军事强国在潜艇消声降噪技术方面的大力投入，潜艇降噪技术得到了大幅度提高。前法国国防部长莫兰曾说“它们(核潜艇)发出的声响不超过一只虾”，那只是一种形容而已，但现今最先进的核潜艇经过种种降噪减振措施后，在低速巡航时，噪声确实很小，几乎与嘈杂的海洋环境融为一体。

在海洋中，声呐面临的是数百个噪声信号，所以要准确分辨有用信号和删除干扰信号并非易事。数据显示，美国海军潜艇的自噪声甚至达到了 90dB 左右，几乎接近海洋背景噪声，利用常规的探测技术已经很难探测到即使是近在咫尺的潜艇，而英、法等国的潜艇在降噪方面也都达到了很高的水平，这也是发生在 2009 年 2 月 3 日比斯开湾的骇人听闻的法国“凯旋”号核潜艇与英国皇家海军“前卫”号核潜艇在水下碰撞事件(图 1.2)的重要原因。当时两艘都搭载有核武器的核潜艇在低速巡航时发生碰撞，导致“凯旋”号受损严重，声呐几乎被全部撞毁，用了 3 天时间才返回法国西北海岸的布雷斯特海军基地，而英国皇家海军“前卫”号的壳体被撞出了凹陷并被刮出很多痕迹需做全面修复，所幸的是没有人员伤亡，潜艇上搭载的核弹头安然无恙，也没有发生核泄漏现象[8]，没有对海洋局部生态环境造成伤害。

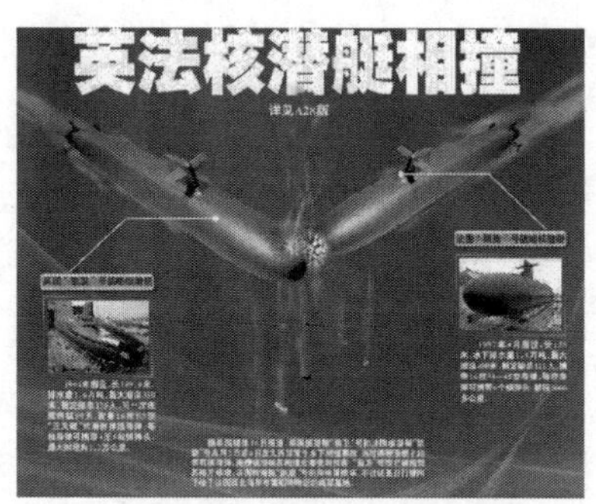

图 1.2　英、法核潜艇在水下发生碰撞

(http://news.163.com/special/000136LF/subscollision0217.html)

以上现象凸显出水下安全航行对潜艇这一特殊武器平台的重要性，结合军事应用隐蔽性的需求，需要一种更有效、无源、高精度、长航时、全天候、连续保障载体航行安全的导航、探测手段。正因为如此，国内外都在积极寻求新的导航探测手段，或者在现有装备的基础上探索增添辅助手段来提高其精度或延长精度保持的周期，这也是目前国内外开展利用较稳定的海洋重力场、海底地形、海洋磁场等海洋物理场进行匹配辅助惯性导航系统的背景。而水下探测技术从潜艇诞生之后就如影相伴地同步发展，但是其发展速度已经不足以匹配潜艇在隔音降噪等方面快速发展的水平，因此也促使人类借助科学技术的发展来寻求更好的方式来探测噪声水平不断降低的潜艇。

1.2 重力梯度在水下导航中的应用研究现状

1.2.1 国外研究现状

第二次世界大战后，美国和苏联相继集中力量重点发展了战略导弹核潜艇。从美国 1959 年建成第一艘弹道导弹核潜艇到目前核潜艇已发展到第三代，即北极星、海神和三叉戟。随着战略核潜艇技术的不断发展和变化，潜艇导航技术也已经历了 50 多年的发展过程。舰船惯性导航系统是北极星、海神和三叉戟战略武器系统的重要组成部分。1960 年，奥特萘蒂克斯分公司（现在属于波音公司）制造的 MK2 舰船惯性导航系统（SINS）最初安装在北极星潜艇上，至 1974 年 MK2 系统经过了几次改进，明显提高了精度，也延长了重调间隔时间[9]，但是为了限定惯性误差，经常需要外部位置坐标，最初的做法是利用潜望镜进行天文观测来提供这些信息。

从 1960 年北极星潜艇开始，出现了不同类型的无线电辅助导航系统，包括 LORAN-C、子午仪导航系统及现在的 GNSS（包括 GPS、GLONASS、GALILEO 和 BDS 及其他差分增强系统）。这些无线电导航系统提供了较高精度的导航信息，但是需要潜艇天线露出水面，从而增加了被探测到的风险。如果不进行位置重调，任何惯性导航系统的误差都会随时间积累而增大，直至误差超过限定的阈值，因而续航时间长短代表惯性导航系统的质量等级，决定着导航系统需要外部定位信息的频数。

1974 年，静电陀螺监控器（ESGM）作为一个“监控器”用在舰船惯性导航系统中。由于静电陀螺监控器改善了长期稳定性，因此静电陀螺技术使战略潜艇导航向前迈进了一大步。静电陀螺监控器辅助的舰船惯性导航系统仍需要外部定位信息，但其续航时间比舰船惯性导航系统本身大大提高。目前，三叉戟 I 型仍采用静电陀螺监控器配置形式。20 世纪 80 年代，三叉戟 II 型研制成功，极大地改善了战略武器系统的精度。其不再使用舰船惯性导航系统，而是将静电陀螺监控器进行重新配置作为主导航仪，并重新命名为静电陀螺导航仪（ESGN）。同时还采用了下述三种技术来改善导航精度：

(1) 编绘精确重力图。联合重力仪海上测量和卫星雷达高度计观测数据编绘出海洋垂线偏差图(垂线偏差是对惯性导航系统误差影响最大的重力分量,可用于减少舒拉速度误差)。重力异常和大地高度图是海洋测绘和卫星数据的副产品。

(2) 在潜艇上安装重力敏感器系统(GSS)。重力敏感器系统为常平架式平台,平台上装有三个重力梯度仪(GGI)和两个重力仪,这种在运动平台上精确地实时测量重力异常和重力梯度是重力测量技术上巨大的成就。对于三叉戟 II 型,重力敏感器系统的目的是提供垂线偏差的实时估计,以补偿惯性导航系统的误差。

(3) 安装测速声呐即导航声呐系统(NSS)。导航声呐系统通过水听器阵从海底反射回的相关延时波来提供改善的潜艇速度数据。

最初应用重力梯度仪、重力仪获取海洋重力场信息的目的有两个:一是提供垂线偏差实时估计,以减小惯性导航系统的舒拉误差和平台误差;二是实时估算重力异常,用以改正以前使用的正常重力模型并初始化导弹制导系统。20 世纪 80 年代,美国贝尔实验室研制出重力敏感器系统,并于 1983 年在海上成功地进行了演示,后来将其部署在美国海军的三叉戟潜艇上(图 1.3)。同期开展研究的还有利用测量船进行海洋重力测量和利用卫星测高资料反演海洋地区垂线偏差和重力异常的研究,主要以美国海洋研究所的 Sandwell 为主。

图 1.3　重力测量敏感器应用于美国潜艇水下导航

20 世纪 90 年代初,利用重力图形匹配技术改善惯性导航系统性能的新概念被提出。美国贝尔实验室、洛克希德·马丁(Lockheed Martin)公司等机构对重力图形匹配技术开展了专项研究,并取得了预期成果。贝尔实验室研发了重力梯度仪导航系统(GGNS)[10]和重力辅助惯性导航系统(GAINS)[11]。重力梯度仪导航系统通过将重力梯度仪测出的重力梯度与重力梯度图进行匹配后得到定位信息,对惯性导航系统进行校正。重力梯度仪导航系统中的重力梯度图形匹配是三维空间处理过程。重力辅助惯性导航系统利用重力敏感器系统、静电陀螺导航仪、重力图和深度探测仪，通过与重力图匹配提供位置坐标，以无源方式实现减少和限定惯性误差。洛克希德·马丁公司研制的通用重力模块（UGM）包括两种重力传感器：一个重力仪和三个重力梯度仪。通用重力模块利用重力仪和重力梯度仪的测量数据可实现两种功能：一是重力无源导航；二是地形估计，即估计载体附近的地形变化。美国海军于 1998 年和 1999 年分别在水面舰船和潜艇上对通用重力模块进行了演示验证。演示时使用的重力图数据来源于卫星数据和船测数据。实验数据表明，采用重力图形匹配技术，可将导航系统的经度误差和纬度误差降低至导航系统标称误差的 10%[12,13]。

1.2.2 国内研究现状

国内在利用重力梯度仪服务于水下导航方面开展了一定的研究工作，尤其是在利用重力异常、重力梯度等海洋物理场进行匹配辅助惯性导航系统的研究方面进行了理论上的准备工作，取得了一些有益的研究成果，但是在重力梯度仪外部补偿惯性导航系统方面的工作开展得较少。

目前，国内开展海洋物理场匹配辅助导航研究的单位主要有北京大学、武汉大学、哈尔滨工程大学、华中科技大学、东南大学、北京航空航天大学、南京航空航天大学、中国科学院测量与地球物理研究所、海军工程大学和解放军信息工程大学等，科研院校结合自身的优势，在理论创新方面都有所建树，呈现出欣欣向荣的局面，培养了许多博士和硕士研究生，撰写了一批高质量的学位、学术论文。哈尔滨工程大学的刘承香博士研究了地形匹配辅助定位技术，对 ICP 算法、数字地图的获取、匹配单元的形成、导航系统的容错、地形匹配的可靠性和误差等方面进行了研究[14]；该校的成怡博士专门研究了用于水下匹配辅助导航的重力背景场数据的融合技术，并探讨了 ICCP 算法在融合重力图上的应用[15]；中国科学院测量与地球物理研究所的王虎彪博士研究了基于重力和重力梯度的水下导航技术，对匹配导航涉及的导航基础数据库的建立、ICCP 和 TERCOM 匹配算法、可导航性与线路设计等内容进行了研究，并基于某海洋科考队在进行海洋重力测量科考任务时实测的重力资料进行了匹配仿真实验，验证了重力异常匹配辅助导航的可行性和有效性[16]；海军工程大学的郑彤博士探讨了水下地形匹配辅助导航技术的关键技术，重点研究了利用多波束测深系统获取海底地形的数据处理技术与数字成图技术[17]；王志刚博士讨论了重力匹配辅助导航中局部地球重力场建模、匹配算法、误差分析和可匹配区划分等关键技术[18]；该校的吴太旗博士研究了重力基准图的生成技术、水下实测重力数据的归算与误差修正、匹配算法，并构建了辅助导航的仿真平台[19]。

以上是目前国内各科研院所在利用海洋地球物理场进行匹配辅助导航方面开展的工作，已经取得了一些有意义的研究成果，许多学者对各种辅助惯性导航系统的匹配算法进行了改进与完善，虽然仿真实验在一定阶段可以对重力匹配辅助导航算法进行检验与完善，但仿真分析毕竟只是停留在理论研究阶段，考虑的外界因素相对简单化、理想化，因而仿真的结果缺乏足够的说服力。尤其是国内目前尚没有重力梯度仪的现状，限制了研究的深入开展，从现有的资料和报道来看，国内尚没有单位开展过海上水面或水下匹配辅助惯性导航系统实验。

总体而言，国内在利用海洋物理场辅助水下导航方面相较于国外尚有一定的差距。原因是：一方面由于国内起步较晚，同时以美国为首的西方国家对该技术进行严密的封锁，因此目前国内开展该方面的研究都是在摸索中前进；另一方面是硬件条件基础较差，在重力仪研制尤其是重力梯度仪方面较西方国家落后得多，因此缺乏开展实验所需的硬件条件。即便如此，国内在基础研究方面仍取得了一定的成绩，为匹配辅助惯性导航系统的工程化应用奠定了坚实的基础。

从上述国内外的应用研究现状可以看出，重力梯度在水下匹配辅助惯性导航方面具有举足轻重的地位与作用，国外已经开展过海上系列验证性实验，验证了方案的可行性，并得到工程化的应用，在军事领域已发挥了效益；而国内在该领域还处于理论研究阶段，尚有许多基础工作需要完善。

1.3　重力梯度在水下探测中应用研究现状

与水下导航一样，水下探测技术也是决定潜艇水下安全航行的另一个重要因素，从潜艇诞生之时，探测与反探测技术就在相互促进、互补中不断完善发展，而且随着科学技术的发展，又催生了许多新的探测途径。其中，随着无人水下航行器(UUV)在军事方面应用中优势的不断凸显，其发展受到越来越多国家的重视，而其涉及的相关技术也受到很大的关注，得到了长足的发展[20～24]。单忠伟等[25]在分析和总结国际上基于无人水下航行器的水下警戒探测技术(图 1.4)的基础上，展望了其发展前景，并对我国开展相关的研究提出了建设性的建议。但是，以上涉及的探测技术中其信号的传播媒介都是基于声信号，属于有源的技术手段，在对敌方探测的同时会暴露自身的位置,因此这些技术都不能满足军事应用隐蔽性的要求。

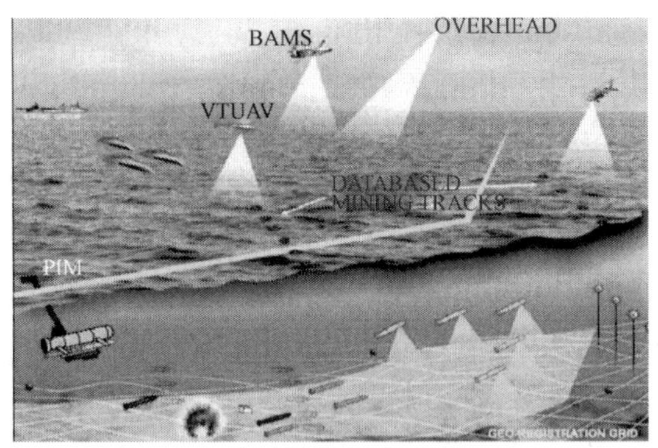

(a) 水下探测系统示意图1

(b) 水下探测系统示意图2

图 1.4　无人水下航行器协同探测系统示意图

李汉清等[26]分析和总结了美国正在发展的水下探测技术,包括先进可展开系统(advanced deployable system, ADS)、商用现成技术固定式分布系统(fixed distributed system-COTS, FDS-C)、商用声学流行技术快速嵌入计划(acoustic rapid COTS insertion, A-RCI)、潜艇拖曳阵系统(TB-29A)和无人水下航行器。

先进可展开系统的局限性在于只能短期使用,用于探测、定位并报告在浅水近岸环境中的安静型常规潜艇或核潜艇,该系统为了组成监听阵需要大面积地布放传感器,而且分析处理组件需要通过电缆与水下组件相连,这在布设上存在一定难度并需要较高成本,但是其工作特点是具有隐蔽性。其他几个系统,即商用现成技术固定式分布系统、商用声学流行技术快速嵌入计划和潜艇拖曳阵系统,从名称上可以看出它们是商用和民用的技术,而军方则直接将其应用到军事领域,该方法虽然具有投资少、见效快的特点,但是由于民用、商用不考虑隐蔽性的要求,存在有源信号的发送，因此在直接服务军事应用时是一个很大的缺陷。

与以上所述的探测类型有所区别，本书讨论的水下探测只关注对潜艇自身周围环境的探测，而且一般是针对单一潜艇对外界的探测，这也是本书在相关项目的支持下，从研究过程中受启发而提出的基于重力梯度测量对外界环境探测的技术途径。从目前来看尚没有相应的资料报道，这是国内首次提出的，对未来重力梯度仪在水下安全航行方面的应用具有很好的借鉴意义。

第 2 章　重力梯度的基础知识

2.1　引　　言

地球重力场反映了地球物质的空间分布、运动和变化，制约着地球上及其邻近空间所发生的一切物理事件[27]。而对地球重力场特性的研究主要借助于一些地球物理仪器，其中利用地球重力梯度的研究，历来是大地测量学的热点和难点之一，因为它不但反映地球表层及内部的密度分布和物质运动状态，而且在地下资源勘探、海洋、军事和环境科学等领域中有着重要的应用价值[28]。

重力梯度测量仪器是获取地球表面及重力梯度信息最直接的手段，为了研发效果更好的重力梯度仪，一直以来许多科研人员致力于重力梯度的地球物理机制的探究，在此基础上改进和完善了重力梯度测量方法。本书在前人研究的基础上，系统地总结重力梯度测量的基本理论、重力梯度测量中涉及的基本数学方程，以及研究分析几种规则形体产生的重力梯度。考虑到在近地空间重力垂直梯度为重力梯度的主项，许多应用领域也主要应用重力垂直梯度，为此本章的内容主要围绕重力垂直梯度的相关基础理论展开，旨在为后续章节的研究及重力梯度的应用奠定理论基础。

2.2　重力梯度的地球物理机制分析

地球表面任一点的重力垂直梯度包括两大部分：一部分是正常重力垂直梯度，假设其由密度均匀的旋转椭球体（又称地球椭球体）所引起；另一部分是实际地球物质分布与地球椭球体的理论物质分布的差异部分在该点引起的垂直梯度，称为垂直梯度异常[29]。地球表面任一点的正常重力垂直梯度以符号 $\partial\gamma/\partial h$ 表示，其精确计算公式如式(2.1)所示。

$$\frac{\partial\gamma}{\partial h}=-3085.5\times(1+0.0007\cos2\varphi)+1.45\times10^{-3}h \tag{2.1}$$

式中，φ 为地心纬度，(°)，可近似用地理纬度代替；h 为该点处的海拔，m；$\partial\gamma/\partial h$ 的

单位为 Eötvös(厄特弗斯,简写为 E,1E=$10^{-9}/s^2$)。

由式(2.1)可以计算并分析不同纬度、不同高程的正常重力梯度的分布情况,计算北半球从赤道到极点及不同高程情况下的重力梯度值如表 2.1 所示。

表 2.1　不同纬度、不同高程的正常重力梯度值　(单位:E)

纬度/(°) \ 高程/m	0	1000	2000	3000	4000
0	−3087.66	−3086.21	−3084.76	−3083.31	−3081.86
15	−3087.37	−3085.92	−3084.47	−3083.02	−3081.57
30	−3086.58	−3085.13	−3083.68	−3082.23	−3080.78
45	−3085.5	−3084.05	−3082.6	−3081.15	−3079.7
60	−3084.42	−3082.97	−3081.52	−3080.07	−3078.62
75	−3083.63	−3082.18	−3080.73	−3079.28	−3077.83
90	−3083.34	−3081.89	−3080.44	−3078.99	−3077.54

由表 2.1 可以看出,在海拔高程为零的情况下,正常重力梯度的平均值为−3084.4E,这也基本是我国大部分地区对正常重力梯度的取值;由表 2.1 也可以看出,正常重力梯度随高程的增加而变大。

垂直梯度可以分为全球地形起伏对该点的垂直梯度与地下密度不均匀体剩余质量对该点产生的垂直梯度两部分,地形引起的梯度可表示为

$$\sum_{i=1}^{m}\frac{\partial f_i}{\partial h} \tag{2.2}$$

式中,$\frac{\partial f_i}{\partial h}$ 表示第 i 个起伏地形单元引起的垂直梯度,E。

密度不均匀体剩余质量引起的垂直梯度可表示为

$$\sum_{i=1}^{m}\frac{\partial A_j}{\partial h} \tag{2.3}$$

式中,$\frac{\partial A_j}{\partial h}$ 表示第 j 个地下密度不均匀体剩余质量引起的垂直梯度,E。

综上所述,地球表面任一点的垂直梯度的一般表达式为

$$\frac{\partial g}{\partial h}=\frac{\partial \gamma}{\partial h}+\sum_{i=1}^{m}\frac{\partial f_i}{\partial h}+\sum_{i=1}^{m}\frac{\partial A_j}{\partial h} \tag{2.4}$$

2.3 规则形体的垂直梯度分析

由于引力垂向导数在大地测量、地球物理中应用广泛，因此在许多情况下，异常体就是或者是接近于规则形体，张赤军[30]研究了球体、半球体、柱体、锥体及长方体的引力垂向导数公式，并讨论了这些公式在绝对重力测量和精化大地水准面的实际应用，为实际工作中重力梯度的计算提供了很好的借鉴。骆遥等[31]讨论了利用二阶张量的坐标变换实现对多面体重力场梯度的求解，并给出了均匀多面体重力场、梯度及磁场正演表达式。本书在前人研究的基础上系统地总结归纳了规则形体的梯度场分布情况，同时考虑到本书研究中涉及的某些障碍物、地形、地貌等可以近似地等效成半球体、锥体、柱体或长方体等，而且利用规则形体的引力梯度公式计算近似物体对模拟实际地形的效应比较方便，因此本节将讨论这些规则形体的垂直梯度情况，为后续章节的应用奠定理论基础。

由于在近地空间全张量重力梯度测量值中垂直梯度为主项，而且在应用中也多考虑垂直梯度，因此本节研究中以垂直梯度为代表推导相应的公式，其他方向上的梯度可以类似地推导得到。

2.3.1 均质半球体的引力梯度

海洋中经常有凸起的海底地形，它对潜艇的水下航行构成很大的安全威胁，尤其是在平坦的区域中出现的凸起地形，为此假设一个半径为 600m 的半球形凸起障碍地形(图 2.1)，计算其产生的重力梯度及分布情况。

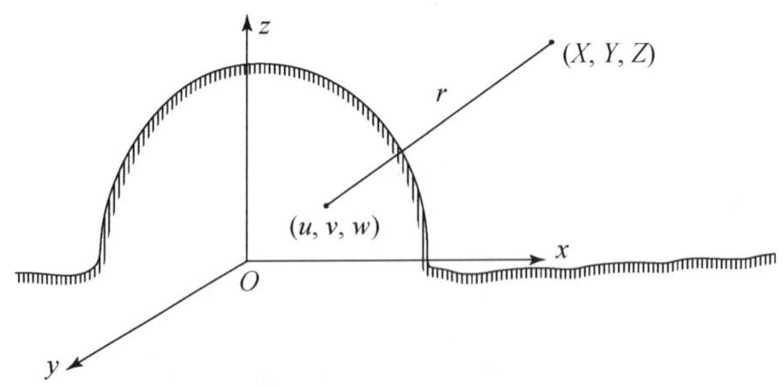

图 2.1 均质半球体产生引力梯度的示意图

为了进行计算，建立以半球体的球心处为原点，天顶方向为 z 轴，北向为 x 轴，东向为 y 轴的直角坐标系，半球方程为

$$x^2+y^2+z^2=R^2, \quad z\geqslant 0 \tag{2.5}$$

设半球形地形外有一点坐标为 (X,Y,Z)，则半球形地形对球外 (X,Y,Z) 处引起的引力位为

$$V=G\rho\iiint\frac{\mathrm{d}V}{r} \tag{2.6}$$

式中，$G=6.67\times10^{-11}\,\mathrm{m^3/(kg\cdot s^2)}$ 为万有引力常数；ρ 为均质半球体的密度；r 为球外一点距离半球体中积分体元的距离，且 $r=\sqrt{(X-u)^2+(Y-v)^2+(Z-w)^2}$，其中 (u,v,w) 为凸起地形内部计算体元的坐标。

对于重力梯度 T_{xx}（即引力位在 x 方向的二阶导数），其求取方式是先对式(2.6)的变量 $1/r$ 求其 x 方向上的二阶导数，可得 (X,Y,Z) 处的梯度为

$$T_{xx}=G\rho\iiint\frac{3\,(u-X)^2-r^2}{r^5}\mathrm{d}u\mathrm{d}v\mathrm{d}w \tag{2.7}$$

在实际计算中，首先将式(2.7)变换为以下三重定积分：

$$T_{xx}=G\rho\int_0^1\mathrm{d}w\int_{-\sqrt{1-Y^2}}^{\sqrt{1-Y^2}}\mathrm{d}v\int_{-\sqrt{R^2-Y^2-Z^2}}^{\sqrt{R^2-Y^2-Z^2}}\frac{3\,(u-X)^2-r^2}{r^5}\mathrm{d}u \tag{2.8}$$

在 Mathematica 代数系统下可首先计算出对 z 方向的定积分，得到二重积分表达式，之后注意到该二重积分的积分区域为半圆域 $v^2+w^2\leqslant t^2, w\geqslant 0$，此时引入极坐标进行变换，即 $v=t\cos\theta, w=t\sin\theta$，积分范围相应变为 $0\leqslant t\leqslant 600, 0\leqslant\theta\leqslant 2\pi$。给定计算点$(X,Y,Z)$后，在 Mathematica 代数系统中通过编程进行计算，可得剩余质量在该点处引起的引力水平梯度，同时在 Mathematica 中通过编程可绘出水平方向的引力梯度随距离变化的曲线，如图 2.2 所示。

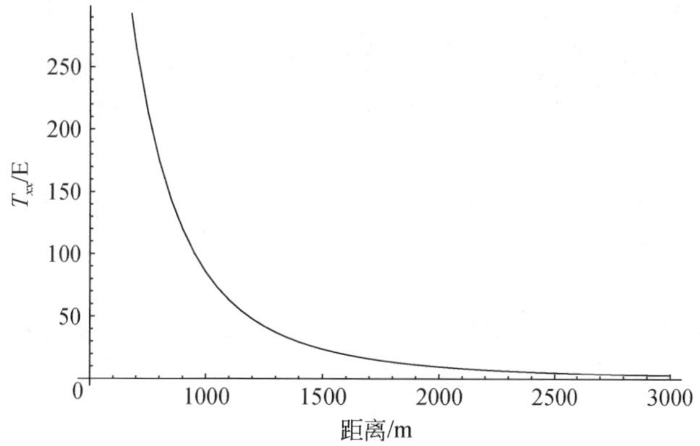

图 2.2　T_{xx} 随距离变化图

同理,为了解算 y 方向和 z 方向的梯度 T_{yy} 和 T_{zz} ,首先对式(2.6)中 v 和 w 求二阶导数,在 Mathematica 中先完成 z 方向的积分后将问题转化为求 x 方向和 y 方向的二重积分,同时为了直观地显示梯度值的大小及随距离变化的趋势,绘制图 2.3 和图 2.4。

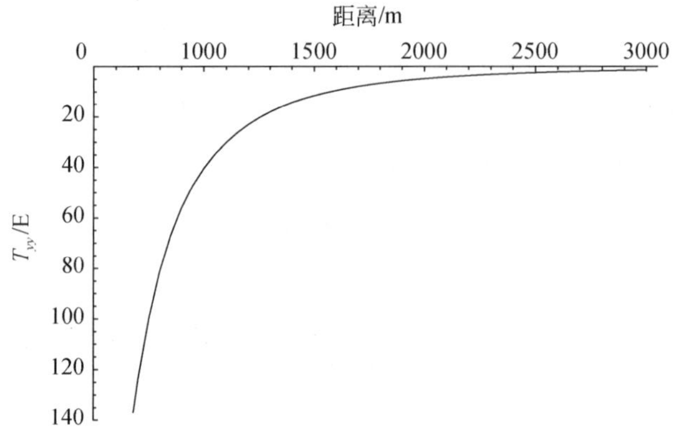

图 2.3　T_{yy} 随距离变化图

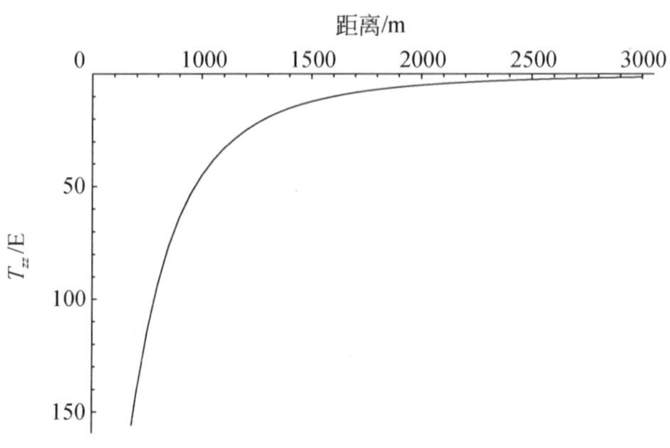

图 2.4　T_{zz} 随距离变化图

为了直观地描述图 2.2～图 2.4 的计算结果,罗列如表 2.2 所示,表中所述距离是指潜器距离海山中心点的水平距离。

表 2.2　梯度值随距离变化列表

梯度值/E \ 距离/m	3000	2000	1000	800
T_{xx}	2.9	9.8	85.5	174.9
T_{yy}	−1.4	−4.8	−40.1	−81.4
T_{zz}	−1.4	−4.9	−45.0	−93.5

由图 2.2～图 2.4 及表 2.2 可以看出，重力梯度值随距离的减小而急剧增大，当有障碍地形在潜艇航线上出现时，在距离 3000m 时，T_{xx}，T_{yy} 和 T_{zz} 中的最小值为 1.4E，而当潜艇在水平向距离障碍地形中心 800m 左右时，其三个方向上的梯度输出最小值的绝对值都达到了 81.4E，这样的量级要求按当前的梯度仪的测量精度可以达到 10^{-4}E 是完全可以满足需求的。

2.3.2　质点的空间梯度分布

在重力梯度观测中，当重力梯度仪距离待测质量异常体较远时，可以将质量异常体视为质点考虑，此时质量异常体在空间的引力梯度分布呈现特定的分布规律，为了揭示其规律性，本书计算分析了一个质量为 3×10^6kg 的质体，在其正上方 100m 处引起的 5 个独立梯度分量的大小。首先，设该质量异常体所在处为坐标原点，以东为 x 方向，北为 y 方向，天顶方向为 z 方向建立直角坐标系，对于 T_{xx}，其计算过程可以参考式(2.7)，但是由于是对质点进行计算，因此不用积分过程，同时计算的是质量异常体正上方的引力梯度，因此式(2.7)可简化为

$$T_{xx}=Gm\frac{3X^2-r^2}{r^5} \tag{2.9}$$

式中，r 为计算点至原点的距离，$r=\sqrt{x^2+y^2+z^2}$，单位为 m。

其他方向的计算过程与 T_{xx} 相似。

为了直观地分析引力梯度在空间的分布规律与特性，利用 Mathematica 绘制了其平面图形和三维空间分布图形，详见图 2.5 和图 2.6。

由图 2.5 和图 2.6 可以发现，质点在其正上方产生的引力梯度呈现非常规律的分布特性，在不同方向上也呈现出不同的变化趋势，这为本书在利用重力梯度观测进行探测奠定了基础，也提供了理论依据。

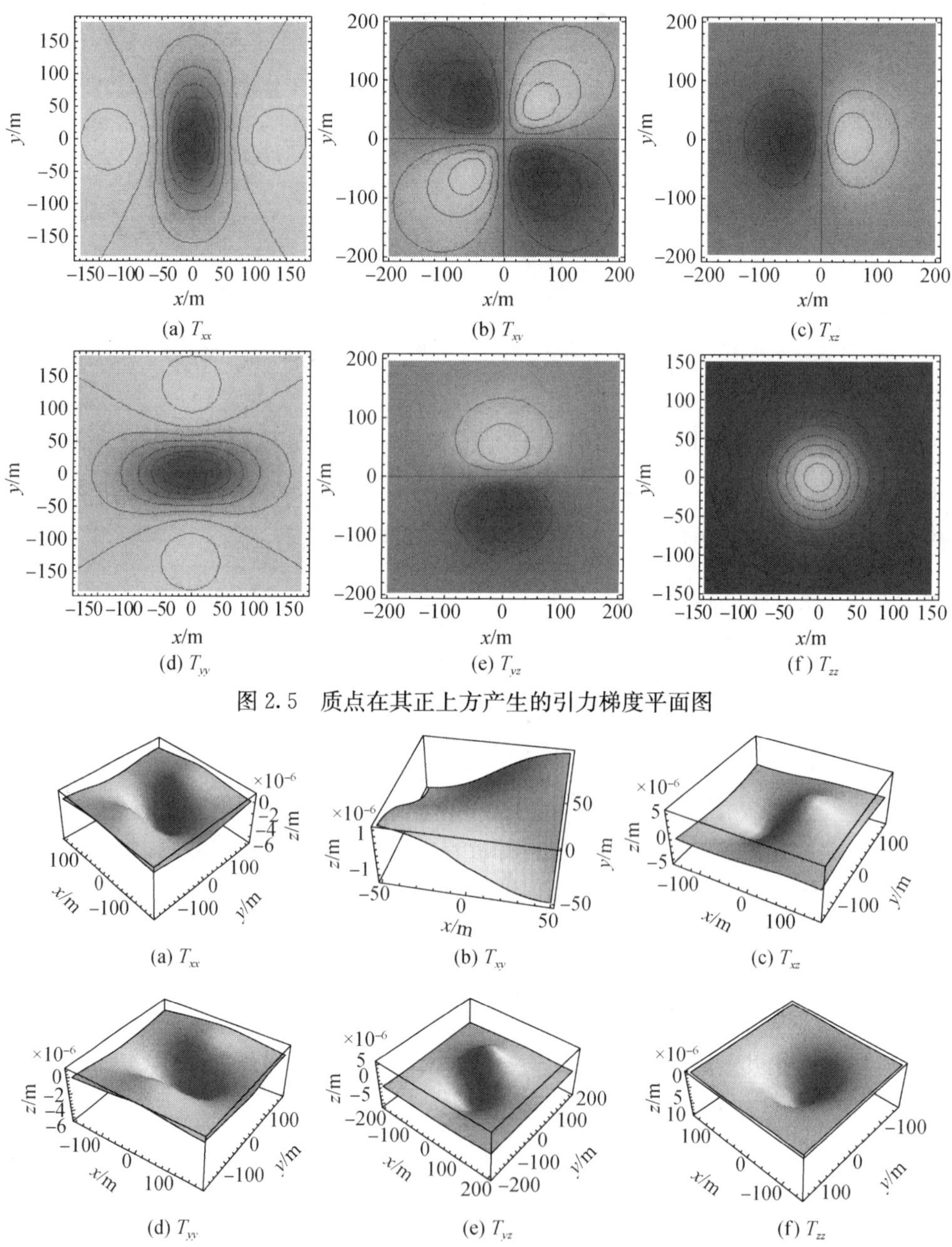

(a) T_{xx}　(b) T_{xy}　(c) T_{xz}

(d) T_{yy}　(e) T_{yz}　(f) T_{zz}

图 2.5　质点在其正上方产生的引力梯度平面图

(a) T_{xx}　(b) T_{xy}　(c) T_{xz}

(d) T_{yy}　(e) T_{yz}　(f) T_{zz}

图 2.6　质点在其正上方产生的引力梯度三维图

2.3.3　长方体质体重力梯度分布

从质点和半球地质体重力梯度异常的图形分布来看,两者极为近似,为了更明确重力梯度分布与地质体形状的关系，下面再研究长方体形地质体产生的重力梯度异常分布情况。建立计算模型如图 2.7 所示。

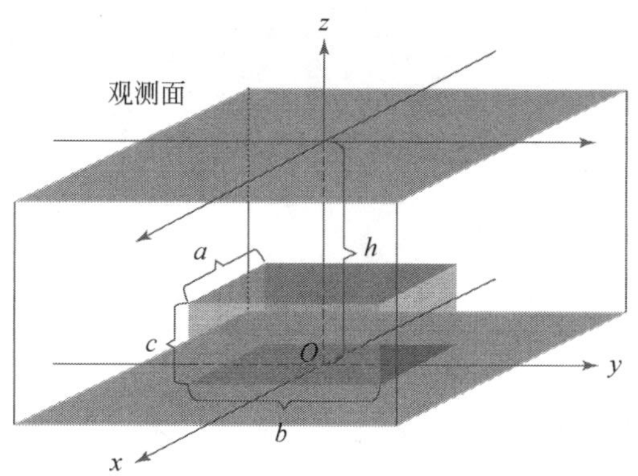

图 2.7　长方体形地质体重力梯度计算模型示意图(见彩图)

如图 2.7 所示，对于底面宽 $a=20\text{m}$、长 $b=200\text{m}$、高 $c=20\text{m}$ 的长方体形地质体，其剩余密度为 $\Delta\sigma=1.8\times10^3\text{kg/m}^3$。计算其正上方 $h=50\text{m}$ 处观测面的重力梯度分布，并绘制其各重力梯度张量的二维平面分布图和三维空间分布图，如图 2.8 和图 2.9 所示。

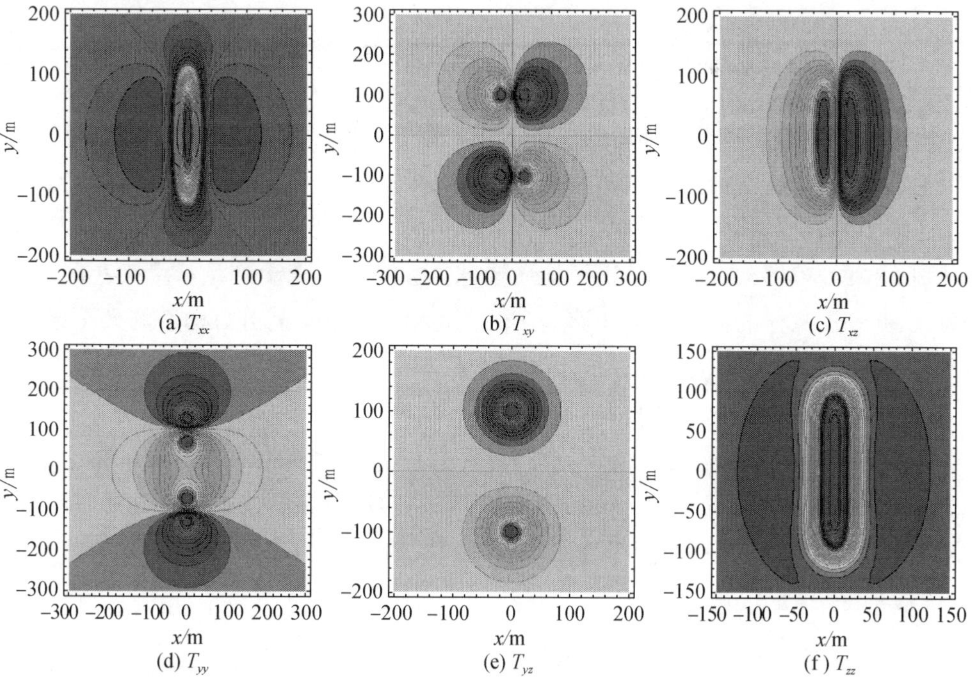

图 2.8　长方体形地质体重力梯度平面分布图

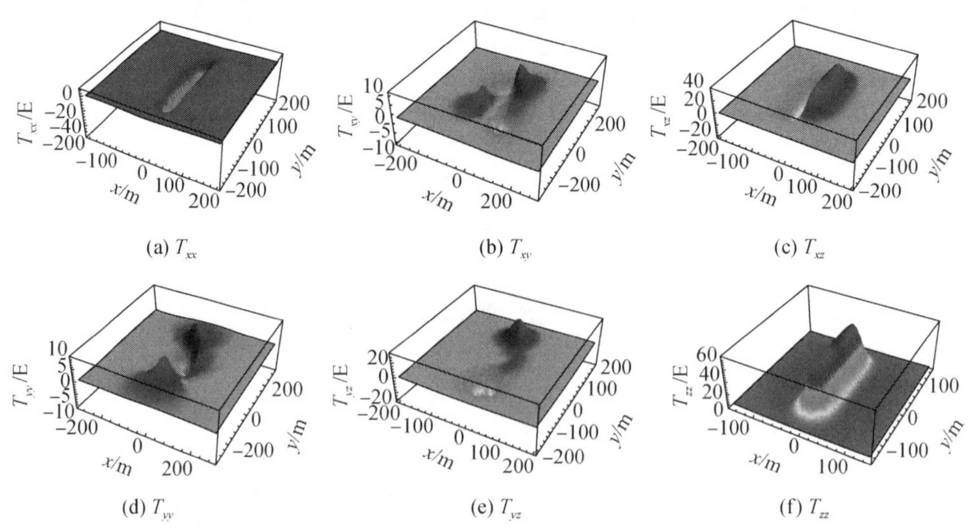

(a) T_{xx}　(b) T_{xy}　(c) T_{xz}

(d) T_{yy}　(e) T_{yz}　(f) T_{zz}

图 2.9　长方体形地质体重力梯度三维分布图

由图 2.8 和图 2.9 可以看出，不同形状的规则形体在其上方引起的梯度变化具有很强的规律性，本书将要开展的基于重力梯度探测研究正是立足于该方面。

2.4　本章小结

本章首先给出了重力梯度的基础知识，分析了重力梯度在空间形成的地球物理机制，分析了正常重力垂直梯度和垂直梯度异常的计算公式，并利用公式计算分析了重力垂直梯度随不同纬度、不同高度的变化情况。为了给后续工作奠定基础，从引力位的基础公式出发，分析了均质半球体在一定距离上产生梯度大小的计算公式，并利用具体的数值分别计算了 T_{xx}，T_{yy} 和 T_{zz} 方向上引力梯度的大小，绘制了其变化趋势图，从图中可以发现其变化规律非常符合引力梯度随距离变化的特点，在近处梯度值变化尤其剧烈。

同时为了后续内容的介绍，本章还计算分析了视为质点的质量异常体引起的梯度分布情况，并利用 Mathematica 绘制了其在空间分布的二维和三维分布图，从图中可以看出其变化规律具有很强的方向性，为后续利用重力梯度探测奠定了基础。

第3章 重力梯度仪的结构与测量原理

3.1 引　　言

重力梯度仪主要用于测定载体所在位置的重力梯度张量，其观测量为地球重力场的一阶导数、地球重力位的二阶导数，它对应于重力值在单位距离上的变化量，也是地球重力场球谐级数的二次微分，其结果是将球谐系数放大，因此可以用于研究地球重力场球谐位系数的高阶部分。在潜艇上配备重力梯度仪的好处是可以有效地消除载体机动及外部海洋环境扰动对潜艇的影响，这样可以对靠近载体处地形的微小变化非常敏感。同时梯度异常可以反映场源体的细节，因而具有比重力本身高的分辨率，这也是采用重力梯度测量的优势。

3.2 重力梯度仪的发展历程

重力梯度仪的研制可以追溯到1890年，当时匈牙利的物理学家Eötvös设计了第一台重力梯度仪(扭秤)，由于在水平扭转方向灵敏度高，因此主要用于测量水平方向的重力梯度分量，从而开创了重力梯度测量的新纪元[27,32]。20世纪30年代，扭秤重力梯度仪在地球物理勘探工作中得到了广泛应用，但是由于观测费时、观测条件要求高、仪器构造笨重等，在大地测量中很少使用，后被高精度重力仪所取代。从20世纪60年代开始，宇宙飞行的需要给重力梯度仪注入了新的动力，人们提出了新的梯度测量原理，并研制出了相应的重力梯度传感器，超导重力梯度仪(superconducting gravity gradiometer，SGG)技术的概念也随之被提出；到了20世纪70年代以后，重力梯度仪得到了飞速的发展，美国和法国等先后研制出了不同原理、不同结构的高精度重力梯度仪，如旋转加速度计重力梯度仪、超导重力梯度仪、液浮重力梯度仪、原子重力梯度仪和静电悬浮加速度计重力梯度仪等[33~35]。而现代电子技术、计算机技术、超导量子干涉技术、低温微波空腔谐振技术、“超导负弹簧”技术的发展及应用，使得重力梯度仪在灵敏度和稳定性方面取得了突破性进展，其测量精度达到了 10^{-4}E，未来超导重力梯度仪的精度可望达到 10^{-6}E[27]。

现代科学技术的发展赋予了重力梯度仪新的生命力，同时人们对海洋环境观测数据的积累、陆地资源的枯竭，使得人们对海洋的依赖增强，人类对海洋的认识逐步增加，重力梯度仪有了新的用武之地。

重力梯度测量一般可以分为两种模式：差分加速度计测量模式和扭矩测量模式。前者通过测量相距一定距离的两加速度计读数之差来获取该测量方向重力梯度的分量，该模式的典型代表是 20 世纪 70 年代美国贝尔实验室研制的旋转加速度计重力梯度仪，后来洛克西德·马丁公司购买了贝尔实验室的技术，成功研制了猎鹰(Falcon)航空重力梯度仪，其测量精度为 3～10E，被广泛应用于资源探测。另外，基于差分加速度计测量模式，人们开展了更高精度(10^{-2}～10^{-3}E)的静电悬浮和磁悬浮空间重力梯度仪的研制。基于扭矩测量模式的重力梯度仪可追溯到 Eötvös 扭秤重力梯度测量装置。1900 年，匈牙利地球物理学家 Eötvös 通过一根扭丝悬挂一根摆杆，摆杆两端分别连接一个质量为 m 的检验体，这样便构成了扭秤，该扭秤的扭转周期可达数百秒乃至数千秒，在水平扭转方向灵敏度高，可用来测量水平方向的重力梯度分量。后来德国学者 Schweydar 对 Eötvös 扭秤进行了改进，但由于扭秤重力梯度仪稳定性差，测量时间较长，测量受地形起伏影响严重，因此不适合野外使用，慢慢被重力摆仪及重力仪取代。近年来，随着检测技术的不断提高，有学者提供了一种基于扭矩测量模式重力梯度仪的研究思路，折中地处理系统机械灵敏度与稳定性矛盾的问题。这意味着可以通过降低系统的机械灵敏度，缩短重力梯度仪的测量时间(3～5s)，以增强系统的稳定性，同时引入高新位移检测技术确保整个系统的灵敏度。

20 世纪 70 年代中期，美国 Hughes 实验室、Draper 实验室和贝尔实验室分别研制出精度均为 1E 的三种不同类型的重力梯度仪实验室样机：旋转重力梯度仪、液浮重力梯度仪和旋转加速度计重力梯度仪。80 年代初，马里兰大学研制出精度为 10^{-2}E 的单轴超导重力梯度仪实验室样机。与此同时，许多研究机构，如美国本迪克斯领域工程(Bendix Field Engineering)、斯坦福大学、史密森天体物理学天文台(SAO)、斯皮尔防御系统(Speer Defence System)、意大利 PSN(Piano Spazionae Nazionae)和英国斯特拉思克莱德大学都在研究超导重力梯度仪。80 年代后期，苏联研制出精度为 10^{-1}E 的旋转加速度计重力梯度仪实验室样机，法国 ONERA (Office National d'tudes et de Reeherehes Aerospatiales)研制出精度为 10^{-2}E 的欧洲宇航局(ESA)重力梯度仪。2002 年，马里兰大学已研制出单轴超导重力梯度仪实验室样机，并进行了实验，其精度提高到了 10^{-3}E/Hz，而全张量超导重力梯度仪在室温条件下达到 2×10^{-2}E/Hz 的灵敏度。目前，国际上的主要重力梯度仪及其精度如表 3.1 所示[36]。

表 3.1　重力梯度仪的类型、精度及研制机构

重力梯度仪类型	精度/E	研制机构
旋转型	3.5×10^{-2}	贝尔实验室
旋转型静电加速度计梯度仪	10^{-2}	Hughes 实验室
超导重力振荡器	10^{-4}	本迪克斯领域工程/斯坦福大学
低温悬浮秤杆梯度仪	3×10^{-4}	霍尼韦尔有限公司
低温微波空腔谐振梯度仪	$10^{-2}\sim10^{-3}$	SAO/PSN
重力辐射天线梯度仪	$10^{-4}\sim10^{-5}$	
静电重力梯度仪(EGG)	$10^{-2}\sim10^{-5}$	ONERA
平面梯度仪(GRADIO)		
超导重力梯度仪	$10^{-3}\sim10^{-4}$	马里兰大学
量子重力梯度仪(QGG)	10^{-4}(预期)	JPL

重力梯度仪对地球科学、地质科学的发展及提高惯性导航的精度具有非常重要的意义。一种新的完全自主式组合导航系统重力梯度仪辅助导航系统正在研究之中，应用于核潜艇可满足其长期水下航行的导航定位要求[10,37,38]。重力梯度仪在大地测量和地球物理领域都具有广泛的应用，从早期的地质勘探到当前国际上研究应用广泛的基于水下地球物理场匹配辅助惯性导航系统的研究都出现了它的身影，尤其是近些年来随着仪器精度水平的发展，重力梯度在水下导航领域中的地位与作用越来越得到人们的认可。

重力梯度测量对于资源勘探、重力导航等具有重要意义[39]，尤其是在当前国内外的研究热点问题——利用海洋地球物理场匹配辅助导航的研究中，担当了重要的角色，这也促进了国际上不同机构、不同行业对该技术及相关仪器设备方面的研究。例如，马里兰大学的 Justin 详细地研究了在不能接收 GNSS 信号情况下，利用重力梯度辅助惯性导航的相关技术[40]。

重力梯度仪的研制与发展经历了曲折的过程，自 19 世纪末匈牙利物理学家 Eötvös 制造出了第一台测量重力变化率的扭秤，在随后的几十年里，扭秤在金属矿勘察和圈定油气田构造中发挥了重要作用[35]。20 世纪 30 年代，美国的 La&Coste 海空重力仪研制成功，并逐渐取代扭秤成为地质勘探和军事应用的主流产品，在以后的40年里，因为扭秤重力梯度仪笨重、效率低及梯度数据的解释方法研究滞后，而逐渐被地震法、重力仪所取代[34]，重力梯度仪的发展和应用几乎处于停滞状态。

但对于移动平台的重力测量，需要从测量结果中消除载体加速度的影响，从而得到地球重力场信息，当时较低的定位精度大大制约了重力数据质量的提高。由于重力梯度仪是测量两点间重力场的变化率，因此受运动载体加速度的影响较小。20世纪60年代末，美国空军提出了研制移动平台重力梯度仪的想法；1970年，Thompson设计了微平衡重力梯度仪；1971年，Hansen设计了灵敏度为10E的水平重力梯度仪；此外，还有专家设计了振动弹簧重力梯度仪。20世纪70年代中期，美国Hughes实验室、Draper实验室和贝尔实验室分别研制出三种不同类型的实验室样机：旋转重力梯度仪、液浮重力梯度仪和旋转加速度计重力梯度仪。20世纪80年代开始，西方发达国家的多家公司及学术机构开始进行超导重力梯度仪研制，经过20多年的研究，目前超导重力梯度仪基本达到了准实用水平。20世纪90年代以来，随着激光技术和量子技术的发展，国内外多家研究机构开始从事原子干涉型重力梯度仪的研究，并取得了重要进展[35]。基于扭矩测量原理并结合现代先进的电容传感技术，开展了测量精度为1E的二维簧片重力梯度仪的设计研究[33]。

重力梯度仪按测量原理可以分为如图3.1所示的类型。

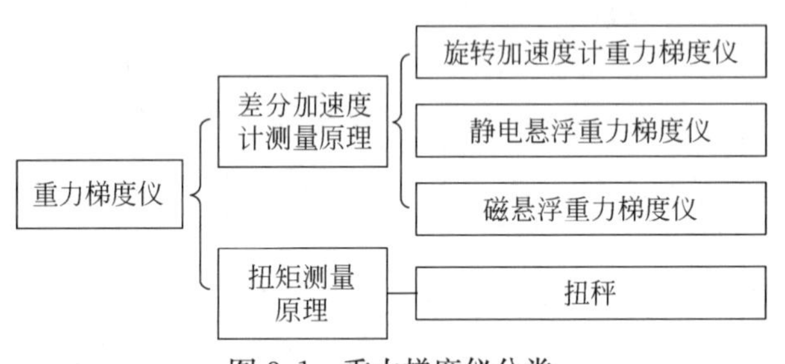

图3.1　重力梯度仪分类

下面讨论重力梯度测量的基本原理。重力梯度仪的原理结构如图3.2所示，在空间三轴上对称地安装六个加速度计，一对加速度计之间的距离是精密测定的，观测时通过一个轴向上一对加速度计感知该方向上加速度在臂长距离上的微小变化。其输出方式如图3.3所示，通过不同组合方式实现输出量的自由选择，实现不同的应用需求。经精密处理，由下列关系式可以把沿i轴向上的第n个加速度计的测量值与实际的加速度联系起来：

$$\gamma_{n,i}=(1+\varepsilon_i)a_i+\varepsilon_i^j a_j+\varepsilon_i^k a_k+\varepsilon_i^{jk}a_j a_k \tag{3.1}$$

式中，a_i，a_j 和 a_k 分别为 i，j，k 轴上的加速度值；ε_i 为比例误差因子，如加速度计中电子或机械方面的偏差；ε_i^j，ε_i^k，ε_i^{jk} 分别为 i，j，k 轴上的耦合项（由加速度计的量测轴未对准和轴倾斜产生）。在实测过程中，校准程序会把比例因子及其耦合项附带在各级数据产品中发布出去。把这些项应用到原始观测值上就可以得到校准的加速度测量值。

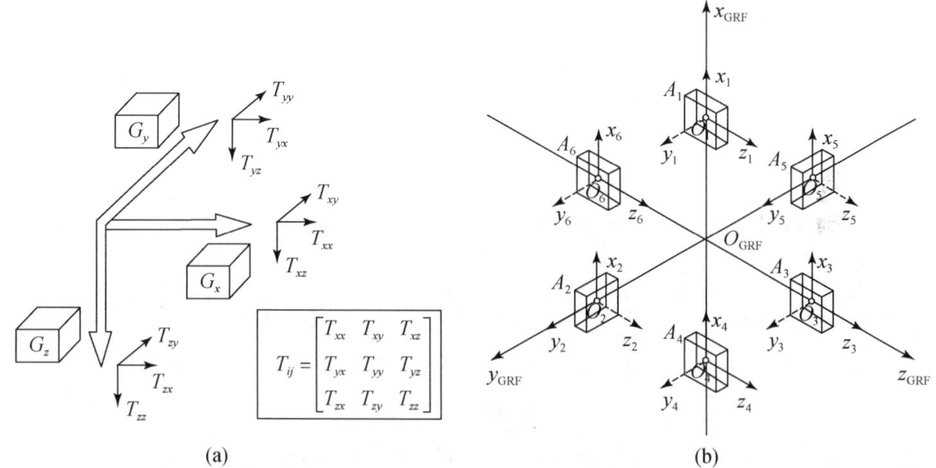

图 3.2　重力梯度仪的结构配置

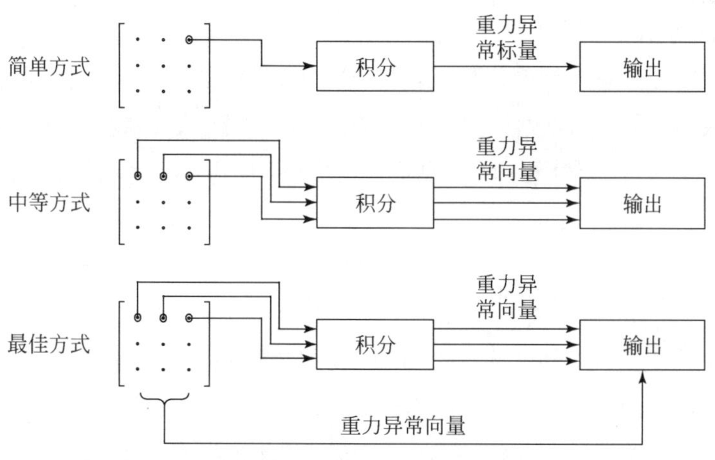

图 3.3　重力梯度测量积分方法

重力梯度一般是指引力梯度$[V_{ij}]$：

$$[V_{ij}]=\begin{bmatrix}\dfrac{\partial^2 V}{\partial x_1\partial x_1} & \dfrac{\partial^2 V}{\partial x_1\partial x_2} & \dfrac{\partial^2 V}{\partial x_1\partial x_3}\\ \dfrac{\partial^2 V}{\partial x_2\partial x_1} & \dfrac{\partial^2 V}{\partial x_2\partial x_2} & \dfrac{\partial^2 V}{\partial x_2\partial x_3}\\ \dfrac{\partial^2 V}{\partial x_3\partial x_1} & \dfrac{\partial^2 V}{\partial x_3\partial x_2} & \dfrac{\partial^2 V}{\partial x_3\partial x_3}\end{bmatrix} \tag{3.2}$$

根据引力场的性质，在地球外部满足：

$$\Delta V=\sum_{i=1}^{3}V_{ii}=0,\quad V_{ij}=V_{ji} \tag{3.3}$$

因此引力梯度张量的 9 个分量中仅有 5 个是独立的。

3.3 旋转加速度计重力梯度仪

旋转加速度计重力梯度仪源于 1970 年美国空军的发展计划，是基于贝尔实验室的惯性加速度计研制的，由于这个方案结构简单，仅用到现有的仪器和工程工艺水平，对材料的稳定性、耐受性及工艺水平要求不是很高，因此贝尔实验室的旋转加速度计重力仪从当时的竞争对手中脱颖而出。它工作在常温下，适合低空操作，澳大利亚必和必拓(BHP Billiton)公司和洛克希德·马丁公司在 1991～2000 年期间，合作研制的“猎鹰”航空重力梯度仪就是一种旋转型重力梯度仪，其分辨率达 5～10E，已经应用于军事导航和地质勘测等领域。

旋转加速度计重力梯度仪是全张量重力梯度仪，工作在常温下，非常适合在地下资源勘探、海洋技术及惯性导航等领域中应用；美国的贝尔实验室从 20 世纪 70 年代就开始研究，并开发了相关产品应用于实际中。而我国由于起步较晚，在此领域的研制落后很多。

3.3.1 旋转加速度计重力梯度仪的测量原理

旋转加速度计重力梯度仪是当前很受欢迎的梯度仪，其测量原理是在理想情况下，即不考虑加速度计的零位漂移及噪声影响，并认为加速度计的刻度因数均相同且不考虑加速度计的其他误差，在此情况下，将加速度计按图 3.4 进行安装，并保证相当高的安装精度，使转盘以 Ω 的角频率稳定旋转，采集加速度计 a_1～a_4 的输出信号，使加速度计 a_1 的信号与加速度计 a_2 的信号相加，加速度计 a_3 的信号与

加速度计 a_4 的信号相加，再将两者相减，从而获得 3 个含有重力梯度信息的信号。采用三个相互垂直的转盘安装 12 个加速度计，使转盘均以 Ω 的角频率稳定旋转，采用同样的信号采集方法，就可以获得 9 个含有重力梯度元素的信号。通过数学方法就可以解算出 5 个独立的元素值，如式(3.3)所示。采用这种安装方式的目的在于最大限度地减少载体加速度对输出结果的影响，同时还能有效降低角速度和角加速度的影响。

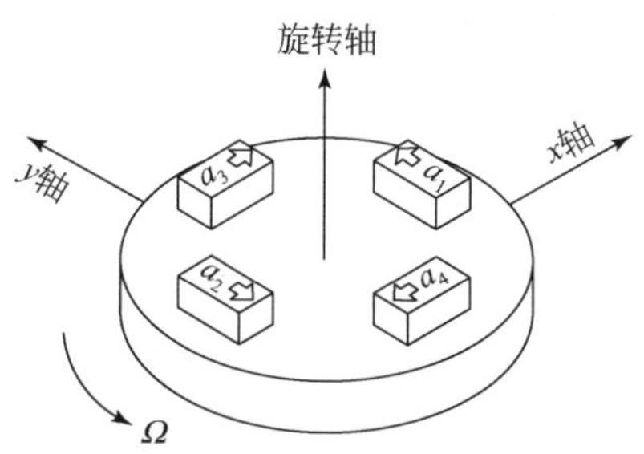

图 3.4　旋转加速度计重力梯度仪中一个转盘的配置

利用牛顿运动第二定律可得圆盘上的加速度计检测质量中心感受到的加速度为[41]

$$f_i = a_i = \boldsymbol{a}_i \cdot \boldsymbol{\tau}_i = (\boldsymbol{a}_0 + R\dot{\boldsymbol{\omega}} \times \boldsymbol{r}_i^0 + R\boldsymbol{\omega}_e \times (\boldsymbol{\omega}_e \times \boldsymbol{r}_i^0) + R\boldsymbol{\omega} \times (\boldsymbol{\omega} \times \boldsymbol{r}_i^0) - \boldsymbol{g}_0)\boldsymbol{\tau}_i - (\nabla g\,\boldsymbol{r}_i)\boldsymbol{\tau}_i \tag{3.4}$$

式中，$\boldsymbol{\omega}$ 为转动圆盘的角速度向量；$\dot{\boldsymbol{\omega}}$ 为圆盘的角加速度向量；$\boldsymbol{r}_i^0$ 为圆盘中心到加速度计检测质量中心的矢径；$\boldsymbol{\omega}_e$ 为地球自转角速度向量；$\boldsymbol{g}_0$ 为加速度计检测质量中心处的重力加速度。

重力梯度仪的测量方程为

$$[(a_1 + a_2) - (a_3 + a_4)]/2R = (\Gamma_{xx} - \Gamma_{yy})\sin 2(\omega t + \theta_0) - 2\Gamma_{xy}\cos 2(\omega t + \theta_0) \tag{3.5}$$

3.3.2　旋转重力梯度仪的误差分析

重力梯度仪的系统误差有加速度计安装方向误差、加速度计的非线性误差、加速度计之间的标度因子不一致及各敏感轴不严格正交而产生的误差、加速度计的检测质量块的几何形状的变化而产生的耦合效应、加速度计的径向安装误差等[42]。

以下重点对加速度计的安装误差进行分析。由 3.3.1 节可知，旋转型重力梯度仪由 12 个加速度计组成，每个轴上安装一对加速度计，在安装时由于工艺等因素必然会存在一定的误差，其误差分别是径向安装距离误差和径向安装方向误差。

径向安装距离误差是实际安装时加速度计之间的距离与标称距离之间的差值(图 3.5～图 3.7)，其误差计算公式为：

$$\Delta R_k = R_k - R, \quad k=1,2,3,4 \tag{3.6}$$

式中，ΔR_k 的单位一般为 μm。

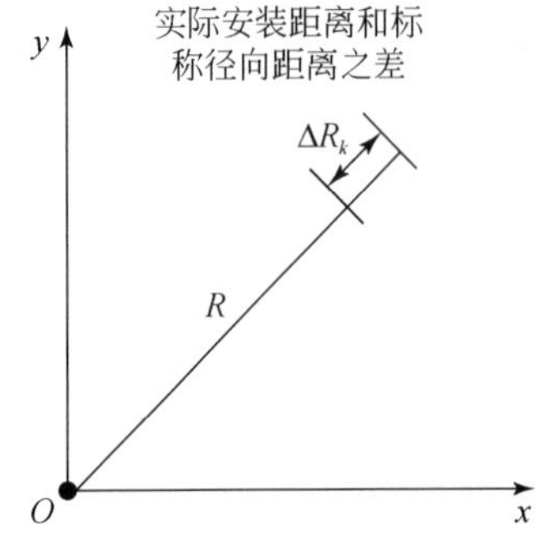

图 3.5　加速度计的径向安装误差

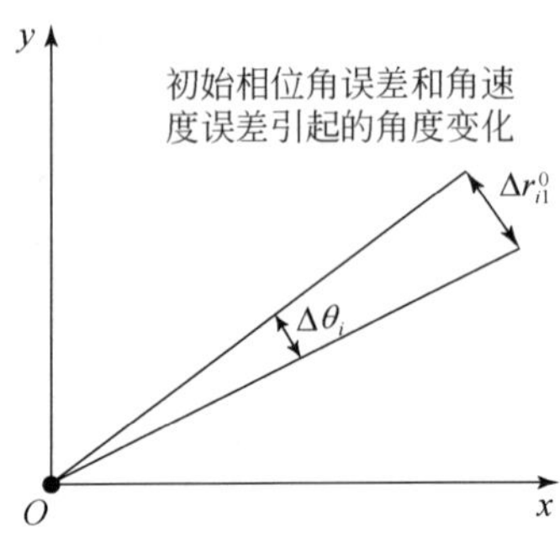

图 3.6　径向方向误差 1

径向安装误差是由初始相位角误差和加速度计安装的异面角误差造成的，其误差计算公式为

$$\Delta r_i^0 = \Delta r_{i1}^0 + r_{i2}^0 \tag{3.7}$$

分别以 $\Delta\theta_i$，$\Delta\varphi_i$($i=1,2,3,4$) 表示第 i 个加速度计的初始相位误差和加速度计与圆盘非共面的误差角，单位为 rad(弧度)。

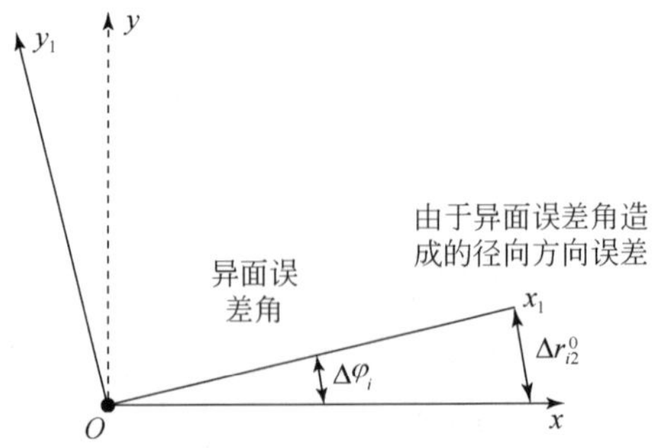

图 3.7　径向方向误差 2

梯度仪在安装时同时存在切向安装误差(图 3.8 和图 3.9),其误差描述为

$$\Delta\tau_i^0 = \Delta\tau_{i1}^0 + \tau_{i2}^0 \tag{3.8}$$

由加速度计安装的切向角误差和非共面角误差造成的,其中分别以 $\Delta\beta_i$,$\Delta\varphi_i$($i=1,2,3,4$) 表示第 i 个加速度计的切向角误差和与圆盘平面的非共面误差角,单位为 rad 或者角秒,两者均为小角度。

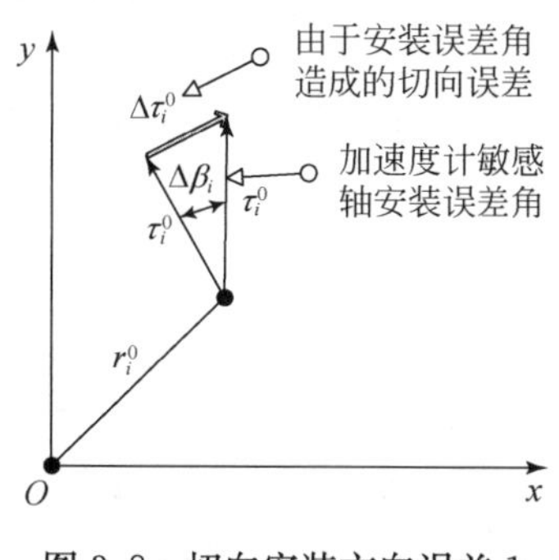

图 3.8　切向安装方向误差 1

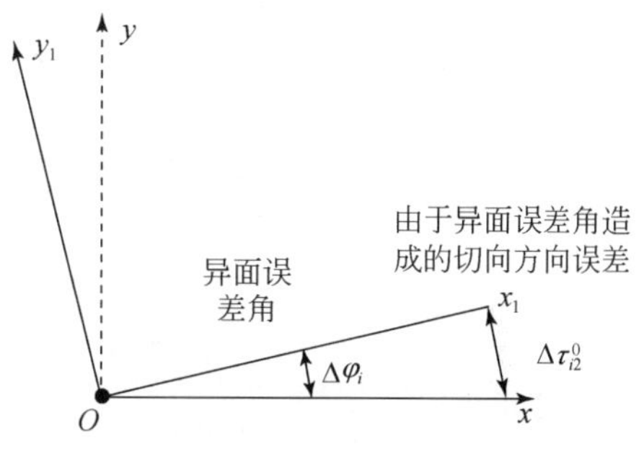

图 3.9　切向安装方向误差 2

3.4　超导重力梯度仪

对超导重力梯度仪研制的权威机构首先应该提到位于美国的马里兰大学,这一机构很长时间内一直从事重力梯度仪的开发和研究工作,并取得了许多有价值的研究成果,下面就以该机构所取得的研究成果为例说明超导重力梯度仪的测量原理与方法。

现在稳定性和灵敏度都得到很大改进的三种类型的超导重力梯度仪在马里兰正处于长足的发展之中。其中,II 型三轴超导重力梯度仪样机已经取得了突破性进展:在室温条件下可以达到 $2\times10^{-2}\mathrm{E}\cdot\mathrm{Hz}^{-1/2}$ 的灵敏度。由于超导重力梯度仪在灵敏度方面进行了很大改进,因此它可以应用于地球物理测量、石油和矿物的勘探及惯性导航之中。它在应用领域的巨大潜力已经激发国际上许多团体来发展相似的设备。在马里兰一种新的改进的线性加速度计也正在积极地研制和发展之中[43,44]。

3.4.1　超导加速度计测量原理

图 3.10 和图 3.11 描述了超导加速度计的测量原理图及 II 型加速度计的俯视图和剖面图。该超导加速度计包含弱弹簧、超导检核块(proof mass)、超导感应线

圈和一个带有输入/输出线圈的 SQUID 放大器，在由感应线圈和带有输入/输出线圈的 SQUID 放大器组成的回路中保存持续的电流。当平台有上下或等效的加速度或当重力场信号发生效应时，该检核块将相对于感应线圈产生位移，并且通过迈斯纳效应调整其感应系数，这导致线圈中感应出的量子磁通量发生变化而产生电流，而 SQUID 放大器则将感应电流转换为电信号输出。

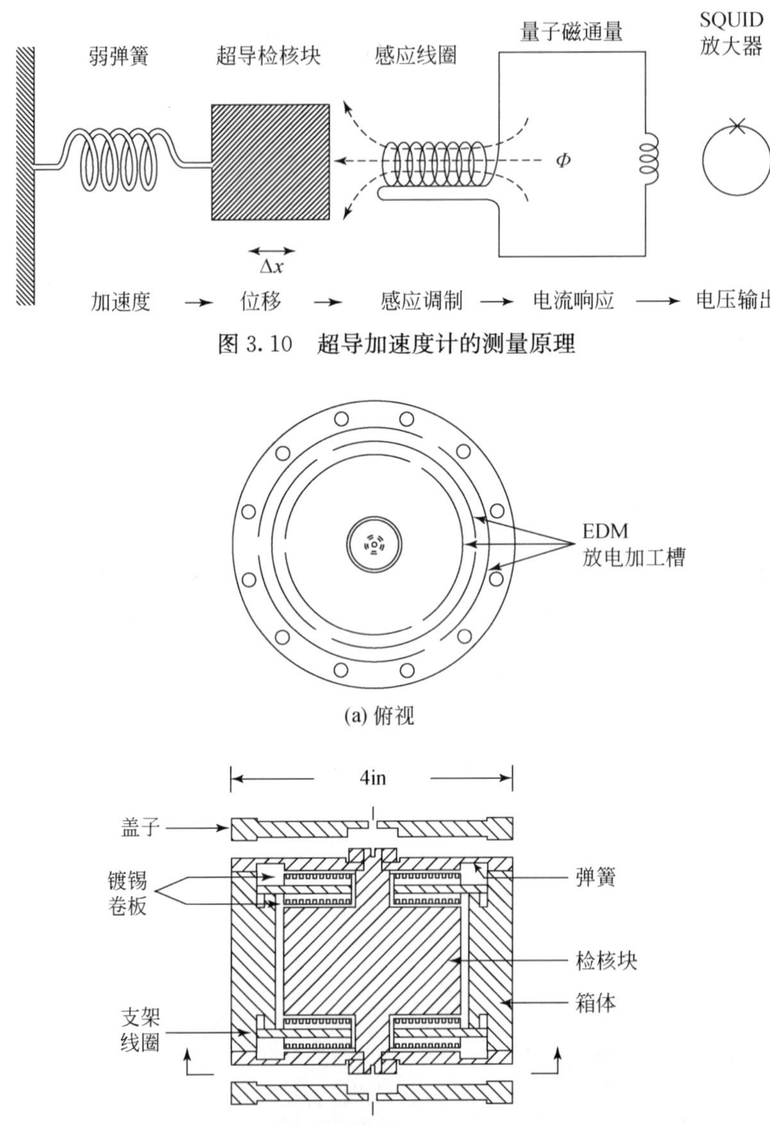

图 3.10 超导加速度计的测量原理

(a) 俯视

(b) 剖面

图 3.11 II 型超导重力梯度仪加速度计的俯视图和剖面图(1in=2.54cm)

3.4.2　线型结构的超导重力梯度仪及其电路图

图 3.12 描述的是 II 型超导重力梯度仪加速度计的实物图。它的六个检核块每个重为 1.2kg，悬浮于带有褶皱的一对弯曲的模板之间，其整个结构由铌材料做成。六个完全相同的加速度计以六个不同的方向精确地安装在一个钛合金六面体上，其灵敏轴都垂直于正方体的表面，这样就形成了三轴超导重力梯度仪。

图 3.12　三轴 II 型超导重力梯度仪实物图

图 3.13 是 II 型超导重力梯度仪每个轴向上的电路回路示意图，两个检核块被相对地安装于六面体上，并用超导体材料连接起来，这样就构成了重力梯度仪。检核块通过其环路保存可以抵消重力场作用的特定电流，而处于悬浮状态。

镀锡卷板 L_{S1} 和 L_{S2} 平行于 SQUID 固定连接并形成感应回路，重力梯度仪的每个轴都具有两个回路，在其中的一个回路中，以相同的方向和大小存储电流 I_{S1} 和 I_{S2}，则 SQUID 可感测出加速度的微分量或重力梯度的大小。而在另一个回路中输入相反的电流，这样 SQUID 就可以感测出整个模型的运动。在检测出器件没有达到完全稳定之前通过恒稳电流进行信号差分，而且 SQUID 仅能测出很小一部分差分信号，因此减小动力范围需依赖于放大器和信号处理电子器件。

调整电流 I_{S1} 与 I_{S2} 的比例使轴向上的共同体能够达到最大互斥，尽管线性加速度计的部件能够通过调节电流使之严格地平行于灵敏轴，但仍有微小的偏差，该偏差与梯度一起输出时将通过与敏感轴的未对准来体现。在 II 型超导重力梯度仪中，所有的未对准角通过重力梯度仪对不同方向上加速度的响应而测出。其结果中加入线性加速度分量测量值并且从重力梯度输出中减去该未对准角，这样就可得到“残余的共同体平衡”。未对准角约为 10^{-4} rad，而残余量可以将共同体的互

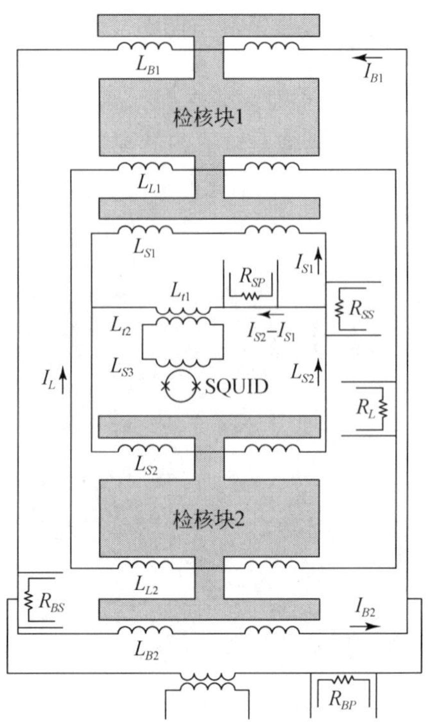

图 3.13 II 型超导重力梯度仪的每个轴的回路示意图

斥精度提高到 10^7 量级。

超导重力梯度仪固有的梯度噪声的功率谱密度可表示为

$$S_\Gamma(f)=\frac{8}{ml^2}\left[k_BT\frac{\omega_0}{Q}+\frac{\omega_0^2}{2\beta\eta}E_A(f)\right] \tag{3.9}$$

式中，m，Q 和 T 分别代表检核块的质量、质量因子和温度；l 代表重力梯度仪的基线长；β 代表换能器机电能量的耦合常数；η 代表 SQUID 超导线路的能量耦合效率；$E_A(f)$ 代表 SQUID 能量输入的分辨率，$f=\omega/2\pi$ 则代表的是信号的频率。重力梯度仪相关参数的量级和数值分别为 $m=1.2\text{kg}$，$l=0.19\text{m}$，$\beta=\eta=0.25$，$\omega_0/2\pi=10\text{Hz}$，$Q=10^6$，$T=4.2\text{K}$，$E_A(f)=[1+(0.1\text{Hz})/f]\times5\times10^{-31}\text{J/Hz}$，低于 $f\leqslant0.1\text{Hz}$（商业直流电 SQUID）。预计式(3.9)的白噪声水平为 2×10^{-3} $\text{E}\cdot\text{Hz}^{-1/2}$，在低于 0.1Hz 的情形下将出现一个 $1/f$ 的噪声。

图 3.14 描述的是 II 型超导重力梯度仪在实验室中经实测得到的噪声谱特性。在没有对角加速度噪声进行补偿的情况下，相应的白噪声水平为 2×10^{-2} $\text{E}\cdot\text{Hz}^{-1/2}$。在低于 0.1Hz 时就会出现一个 $1/f$ 能级的噪声，但是一个振幅的量

级大大高于预测的 SQUID 所产生的噪声，这个额外的低频噪声被认为是由于器件温度整体漂移导致的，它与超导重力梯度仪的超导体的穿透深度和向下反演的离心加速度噪声有关。以上超导重力梯度仪取得的灵敏度说明它在三个方面取得了很大的进步，打破了以往的惯例，也就是说重力梯度仪可以在室温条件下进行工作。美国国家航空航天局(NASA)重力场图绘制计划的精度需求已经证明其在工艺方面取得了长足的进步，一个“超导的春天”已经来临，这导致 III 型超导重力梯度仪可以实现 10^{-4} $Hz^{-1/2}$ 的测量灵敏度。

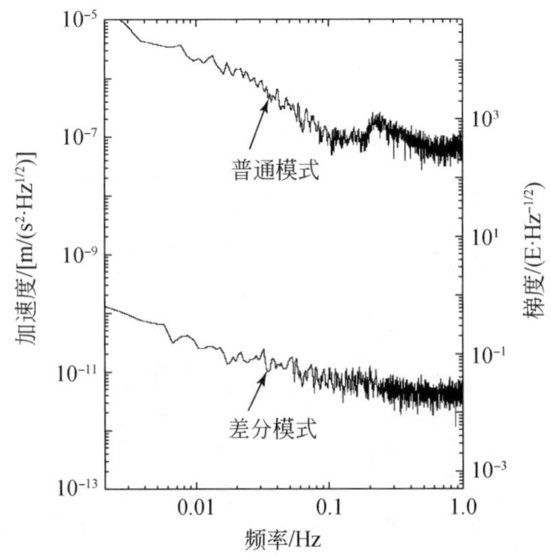

图 3.14　II 型超导重力梯度仪噪声谱特性

3.4.3　交叉型超导重力梯度仪

线型结构超导重力梯度仪的发展主要应用于空间，目前它的共同体的互斥达到 10^7 的精度对空间环境是足够的，然而对航空应用其线性加速度的互斥精度必须达到 10^9 甚至更高，因为对于航空器其超导重力梯度仪的平台要适应变化多样的运动类型，有时航空器的运动会超出超导重力梯度仪舱室所能处理的维数。

一个交叉型梯度仪能够被设计得对线性加速度不敏感，这可以通过使用预先设计好的块力矩严格平衡于装置的回转臂来实现。线性加速度计通过设计其轴向使之只对旋转加速度敏感，而对其他自由度不敏感。

图 3.15 描述的是马里兰大学正在研制中的三轴交叉型超导重力梯度仪。其检核块的中心轴结构是通过金属丝放电加工的方式从一块铌上切下来的。两个角

加速度部件相对地排列在立方体上，它们的导向旋臂互相垂直，将它们连接起来就形成超导重力梯度仪的一个轴。与图 3.16 中显示的相似的两个超导线路，用于感测共同体的信号（角加速度）及其微分值。器件的预期固有噪声为 2×10^{-2} $\mathrm{E\cdot Hz^{-1/2}}$，并且 $1/f$ 的功率噪声低于 $10^{-1}\mathrm{Hz}$。

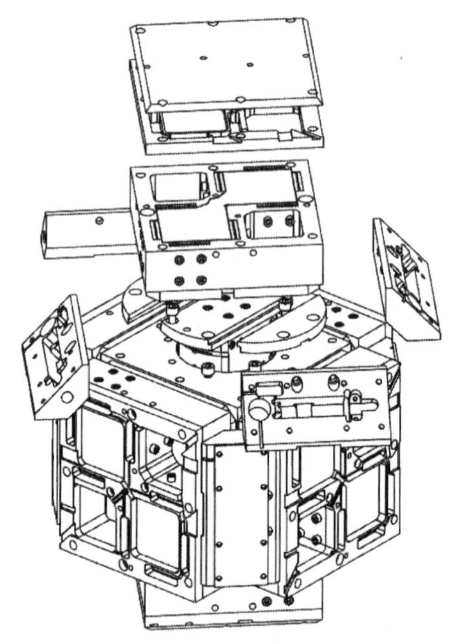

图 3.15　交叉型超导重力梯度仪的剖析图

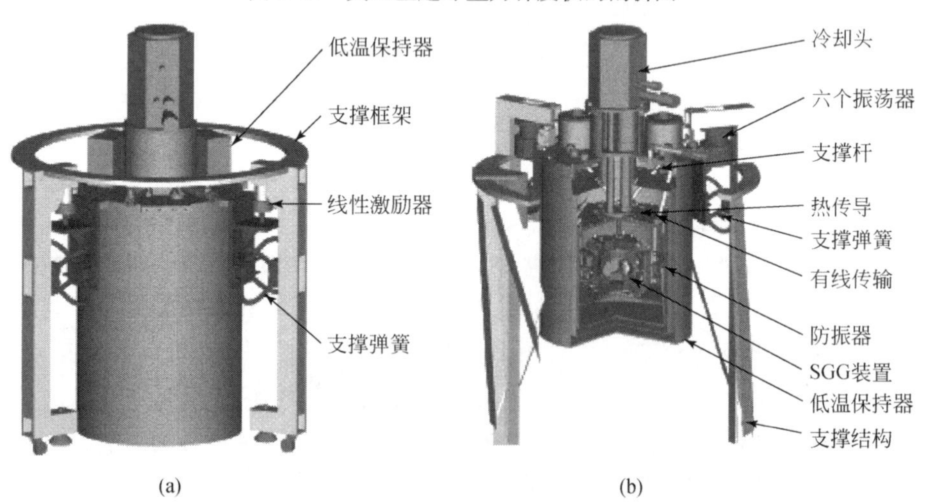

图 3.16　超导重力梯度仪恒温低温器及其内部结构图

为了摆脱对液体氦的需求,交叉型超导重力梯度仪的外部由闭环二级脉冲管制冷仓包裹。图 3.16 描述的支架结构是实验室中为了进行测试实验而建造的。该超导重力梯度仪被安置在真空箱中,并且用一个支撑结构支撑,其目的是减弱温度和振动的影响。刚性设计的谐振消除模块位于超导重力梯度仪检核块的边上。整个设备都封装在一个密闭结构中,该结构与马里兰大学正在研究的用于航空重力梯度测量的动基座重力梯度仪的支撑结构极其相似。对于空载和船载,超导重力梯度仪需固定于一个稳定的平台上。

3.5　原子干涉重力梯度仪

近 20 年发展起来的原子干涉测量技术给人类带来了新的启示,这种技术通过原子干涉的光学现象感应外界力场的变化,通过感应加速度可形成加速度计,将加速度计进行组合进而形成重力梯度仪,由于组合方式不同,可以有单轴重力梯度仪,也可以组合成全张量重力梯度仪。由于原子干涉对重力场具有高敏感性,因此可以获得与目前资料相比更高精度和更高分辨率的重力场信息[45]。

文献[46]阐述了利用原子干涉测量技术,可以实现现有加速度计陀螺仪、重力测量仪和重力梯度仪的革命性变化,大幅提高了这些仪器的稳定性和精度,理论分析表明,至少可以在现有重力仪基础上使灵敏度提高 1000 倍。

3.5.1　原子干涉测量技术发展概况

早在 1924 年,法国人 Louis de Broglie 预言物质粒子具有波粒二象性,而且这一特性也被后来的实验所证实。原子在常温下运动速度超过声速,其波动性不明显,在极低温度下,原子的运动速度变得只有几厘米每秒,在此状态下才能对原子的干涉现象进行操控。随着激光冷却原子技术的成熟,在超低温状态下对原子的光学现象进行描述成为可能,原子干涉测量技术也随之发展起来。这种技术主要是在超低温状态下对原子的光学干涉现象进行的相关研究。原子在超低温下表现出一定的物理特性,即原子或原子束与其他场(空间物质结构、静电场、光场)相互作用产生有规律的运动。在这种状态下通过原子干涉中的物理效应(如多普勒效应)就可感知所需的物理量[45]。

自从 1995 年 Cornell 小组实现第一个 ^{87}Rb 原子玻色-爱因斯坦凝聚(Bose-Einstein condensation,BEC)以来,据不完全统计,国际上已有 14 个国家的 40 余个实验室采用各种冷却与囚禁技术实现了 8 种元素的约 56 个原子的玻色-爱因斯坦凝聚。此外,已有 3 个实验室实现了 2 个分子的玻色-爱因斯坦凝聚,约有 10 个实验室分别实现了锂、钠和铷原子激光的输出,50 余个小组开展了有关玻色-爱因斯坦凝聚体的量子原子光学与非线性原子光学,甚至量子计算与量子信息科学等的理论与实验研究,并取得了一系列重大的进展,特别是原子量子态的实验制备、费米原子的量子简并、原子孤子、原子物质波中的四波混频、光速减慢与超光速、超流中的 Vortex 等一系列实验的成功,Cornell、Ketterle 和 Wieman 三位美国科学家获得了 2001 年度诺贝尔物理学奖,并导致一门新兴的原子光学学科的诞生与快速发展[47]。

到 20 世纪 90 年代,美籍华裔物理学家、1997 年度诺贝尔物理学奖获得者、美国斯坦福大学朱棣文教授领导的小组,根据原子干涉原理成功地测定了地球的重力加速度,分辨率达到 $\Delta g/g=10^{-10}$,可检测出 0.1×10^{-8} m/s^2 的重力加速度变化。据推测,根据原子干涉原理测定重力加速度的装置,也许是上述地球物理学家期望出现的重力仪的雏形,其中涉及一些比较高深的物理学理论,并采用了一些先进新颖的技术,可以说是高新科技成果的一个典型[48,49]。

3.5.2 原子干涉仪及其测量原理

对于原子干涉仪的概念首先要理解玻色-爱因斯坦凝聚,它是近年来物理学研究的一个热点。

1924 年,印度物理学家玻色提出黑体辐射是光子理想气体的观点,他研究了“光子在各能级上的分布”的问题,并由不同于普朗克的方式推导出普朗克黑体辐射公式,爱因斯坦将玻色对光子的统计方法推广到某类原子,并预言当这类原子温度足够低时,所有的原子会突然凝聚在一种尽可能低的能量状态,这就是所谓的玻色-爱因斯坦凝聚。凝聚体具有很好的相干性,可以研制高精度的原子干涉仪,用来测量各种势场,测量重力场加速度和加速度的变化等。由于原子和中子等粒子具有二象性,即粒子性和波动性,因此利用原子、中子的波动性则可以制成干涉仪,称为物质波干涉仪,或原子干涉仪,或中子干涉仪等。后来科学家利用中子干涉仪作为惯性传感器测量转动和加速度,但是测量重力加速度的精度仅达到百分之几,到 20 世纪 90 年代,朱棣文等研制的原子干涉仪使得利用物质波干涉仪测定重力加速度的精度明显提高[50]。

实现原子干涉的方法有很多,如 Mach-Zehnder 干涉、Moire 效应干涉、原子喷泉等[51～53]。光或原子的波动与干涉可由图 3.17 所示的著名的杨氏双狭缝实验来演示，这也是原子干涉仪的基本原理，即两个或两个以上的波经不可区分的两条路径后相遇会产生振幅叠加的结果，即将产生干涉现象[54～57]。

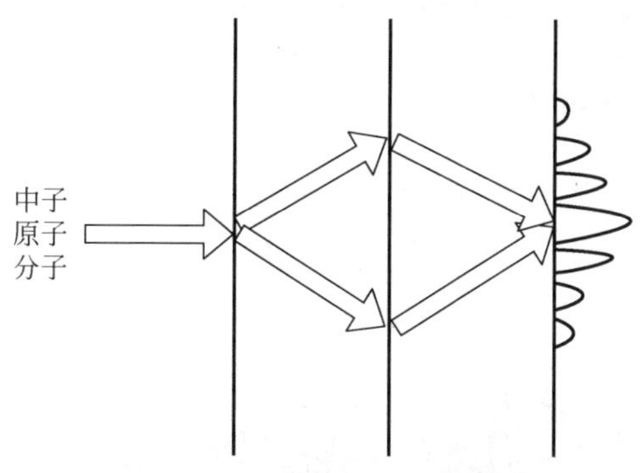

图 3.17　波的干涉原理

原子干涉仪的运作一般分为如下步骤：原子初态制备、原子波包相干分束、原子波包自由演化、原子波包相干合束、原子末态探测。以拉曼型原子干涉仪为例，在干涉测量时要相干地对原子波包分束和合束，并保证原子波包在自由演化过程中保持其相干特性，最初的原子干涉仪设计类似于光波杨氏双缝干涉仪实验，但用激光对原子产生的力学效应，使原子在吸收或受激辐射光子的同时得到光子反冲动量，使原子波包分束和合束，用受激拉曼过程对原子波包进行相干操作，使原子获得双光子反冲动量，从而增加原子干涉环路的面积，提高原子干涉仪的灵敏度。

Mach-Zehnder 干涉[45]也是一种典型的干涉，其原理与传统光学干涉相似，如图 3.18 所示。原子源产生原子束并经冷却，光栅 1 将原子束分割为两个不同路径的原子束，经过光栅 2 的再次分向在光栅 3 处重叠进而产生干涉，通过探测装置就可以确定干涉形成的相位差，进而确定与之相关的物理量。由于原子干涉对外界

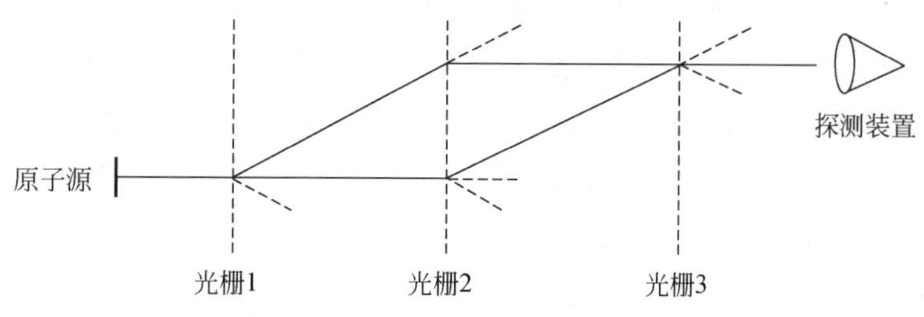

图 3.18　Mach-Zehnder 干涉原理

力场敏感度非常高，因此通过测定干涉的变化就可以确定作用力的大小。利用这一特性制作的原子重力梯度仪将具有很高的敏感度，例如，斯坦福大学研制的重力梯度仪在实验室环境下其加速度计敏感度达到 $4\times10^{-9}g/\mathrm{Hz}(1g\approx10\mathrm{m/s^2})$，而且未来随着原子干涉技术的逐渐成熟，可以相信其测量精度将进一步提高。

3.5.3 原子干涉重力梯度仪

如文献[45]中所描述的，实现原子干涉的方法有很多，由此理论实现重力梯度仪的方式也不是唯一的，目前美国国家航空航天局喷气推进实验室(JPL)、斯坦福大学及耶鲁大学都在研发各自的原子干涉重力梯度仪(图 3.19)。

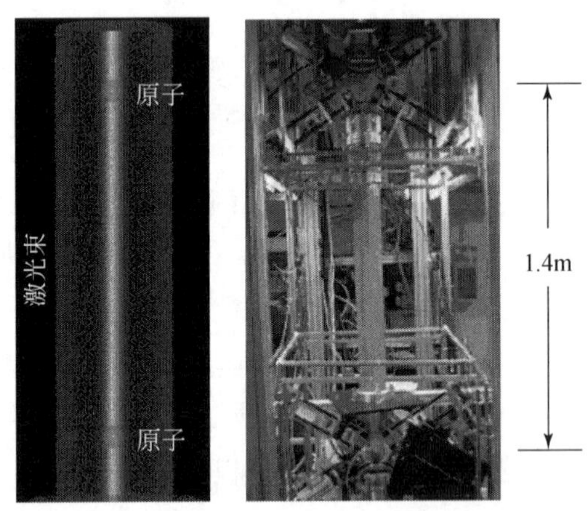

图 3.19　斯坦福大学和耶鲁大学研制的重力梯度仪

以美国国家航空航天局喷气推进实验室研制的基于地面的实验原型为例，原子干涉方式采用原子喷泉，这种重力梯度仪由三个一维梯度仪组成，每个一维梯度仪由两个垂直安放的原子干涉加速度计组成，每个加速度计实际是由原子喷泉形成的，其原理如图 3.20所示。首先经激光冷却后产生向上的原子束，由于重力作用，下落的原子束将与喷发的原子束形成垂直方向的干涉，受重力影响，两个光束的相位 Φ_1，Φ_2 不同，这种变化通过激光谐振荧光可以反映出来。根据 $\Phi_1=2kg_1T^2$ 来测定重力加速度，其中 k 代表激光波数，T 代表激光脉冲间的时间间隔，在同一方向上放置这样的干涉加速度计就可以通过测定相位差 $\Delta\Phi_1$ 获得同一方向上的差分加速度，$\Delta\Phi=2k(g_1-g_2)T^2$，这样就形成一维的重力梯度仪，见图 3.21。

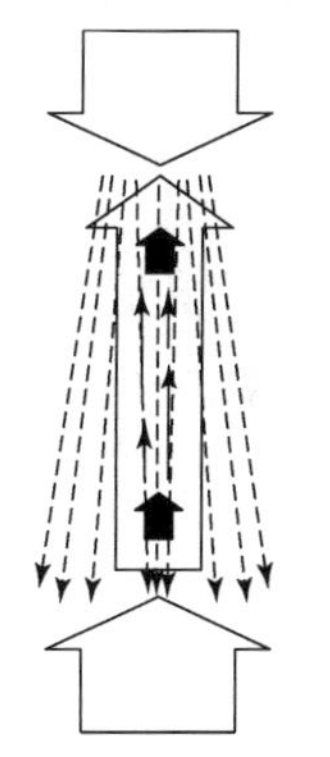
图 3.20　原子干涉加速度计

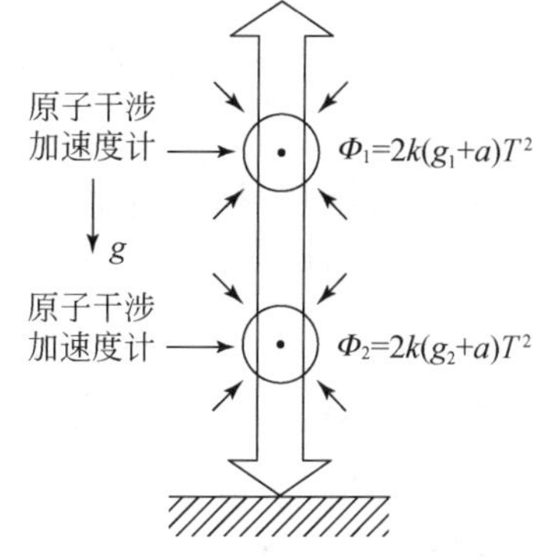

图 3.21　一维原子重力梯度仪原理

朱棣文等研制的原子干涉仪使得利用物质波干涉仪测定重力加速度的精度明显提高,原则上,采用两套原子干涉仪就可测定重力梯度,原子干涉重力仪需要利用原子喷泉来获得较长的干涉时间。概括地说,干涉仪要用到冷原子的脉冲源,即隔一定时间向上抛射一次原子,每一个原子脉冲由 3 个步骤产生:先把原子聚集在磁光阱中,然后受到下方另一激光束的推动而向上发射,最后用平行于原子运动方向的 $\pi/2\to\pi\to\pi/2$ 脉冲照射原子,用共振光致电离方法检测原子。目前原子干涉重力仪的分辨率为 $10^{-10}g$,原则上需要两套原子干涉仪,就可以构成原子重力梯度仪,国外已经在研究原子重力梯度仪,朱棣文小组研制的原子重力梯度仪灵敏度为 $4\mathrm{E}\cdot\mathrm{Hz}^{-1/2}$。

在空间三轴上放置三个这样的原子梯度仪就可以形成重力梯度测量仪。依据现有的技术水平,在地面实验室环境下,原子干涉重力梯度仪的敏感度可以达到 10E/Hz,这与 GOCE 卫星上的静电重力梯度仪(3mE/Hz)相比并不具有优势,当然这只是目前处于发展阶段的水平,未来还有提高的余地。与地面环境相比,太空中的微重力环境更有利于实现重力梯度测量,由于在微重力环境中,原子的运动速度会比在地球表面上更慢,干涉时间间隔 T 会增大而重力异常 δg 与 T^2 成反比,因此对重力敏感度会大大增加。对于卫星重力测量,在 10s 的作用时间、信噪比为 1000dB,以及 50km 基线条件下,梯度仪的敏感度可以提高到 10^{-8}E/Hz,这已经远远超过了 GOCE 卫星采用的静电重力梯度仪的敏感度。因此,在太空中进行卫星重力梯度测量将使原子干涉测量技术的优势得到充分发挥,这也使得卫星重力梯度测量获得的重力场精度在相同分辨率下会远远高于现有水平[58,59]。

3.6 本章小结

本章系统地综述了目前国际上现有的几种典型的重力梯度仪，分析了其结构与测量原理，对旋转型重力梯度仪、超导重力梯度仪的仪器结构与组成、测量原理、仪器的测量误差等进行了分析与对比。对旋转型重力梯度仪的误差源进行了分析，对加速度计的安装误差及影响进行了分析。本章还对具有良好应用前景的原子干涉重力梯度仪的测量原理进行了介绍，介绍了原子干涉仪的测量原理，分析了由其构成的重力梯度仪的原理，并展望了原子干涉重力梯度仪的发展前景。本章的介绍旨在为重力梯度仪未来的实际应用提供技术参考，为仪器的选型提供依据。

第4章　重力梯度反演

4.1 引　　言

由于当前国内外量产的重力梯度仪数量较少，没有投入大规模的测量作业，而且限于野外重力梯度测量作业的效率，目前国内、国际上只进行过局部区域小范围的重力梯度测量作业。卫星重力测量可以获取全球尺度的重力、重力梯度数据，但是以 GOCE 为代表的新一代卫星重力梯度测量的数据还未能提供可以付诸实际应用的数据产品。而当前结合船测数据、卫星重力数据和卫星测高反演的数据不失为一条有效的途径。国内外都已经积累了海域大范围、较高精度的重力异常、垂线偏差、海地地形等数据，从地球物理机制出发，研究这些数据之间的关系，可以反演得到供仿真实验、验证性实验所需的重力梯度背景场数据，从而为当前开展相关研究工作奠定基础。同时在该技术发展完善后融合卫星测高数据、船测重力、重力梯度数据的基础上可以用于将来实际应用中重力梯度背景场图获取。

4.2　由重力异常计算重力梯度

重力梯度是重力位的二阶导数，是重力的一阶导数，因此由现有的船测加卫星测高获取得到的重力数据可以通过一定的数学方法获取重力梯度数据。为了更好地从地球物理机制角度来理解重力梯度的概念，先介绍重力梯度的地球物理背景知识。地球表面任一点的重力垂直梯度包括两大部分，第一部分是正常重力垂直梯度，它是由假设地球为沿铅垂方向密度均匀的旋转椭球体所引起的；另一部分是实际地球物质分布与地球椭球的理论物质分布的差异部分在该点引起的垂直梯度，称为垂直梯度异常[29]。地球表面任一点的正常重力垂直梯度的计算公式如式(2.1)所示。

利用重力数据反演计算重力梯度的方法可以分为三种，以计算复杂度由易到难依次为平面积分、球面积分和连续梯形积分，本节在给出相应计算公式的基础上进行试算，对采用不同方法进行计算的过程进行分析，在仿真试算时采用相同区域的数据，其范围如下。

纬度范围为 20.99°～24.98°N，间距为 0.03351260504201($\approx 2'$)；

经度范围为 117.01°～123.01°E，间距为 0.03351955307262($\approx 2'$)。

将以上范围的重力异常数据格网化为 120×180 的矩阵。

对以上重力数据分别用平面积分、考虑子午线收敛影响的球面积分和连续梯形积分三种方法对重力异常垂直梯度进行试算。

4.2.1 平面积分

略去推导，给出平面积分的基本公式为

$$\frac{\partial\Delta g}{\partial h}=\frac{1}{2\pi}\iint\frac{\Delta g(x,y)-\Delta g_0}{r^3}\mathrm{d}x\mathrm{d}y \tag{4.1}$$

由于目前现有的数据都是以格网形式存储的，因此为了利用实际数据进行计算分析，将式(4.1)进行离散化处理，以累加求和的形式进行计算：

$$\frac{\partial\Delta g}{\partial h}=\frac{1}{2\pi}\sum_{i=-\infty}^{\infty}\sum_{j=-\infty}^{\infty}\frac{\Delta g_{ij}-\Delta g_0}{r_{ij}^3}\Delta x\Delta y \tag{4.2}$$

式中，$r_{ij}=\sqrt{i^2\Delta x^2+j^2\Delta y^2}$ 。

式(4.1)是奇异积分，由于 4.2.2 节和 4.2.3 节所述的球面积分和梯形积分中也涉及奇异值的处理，因此 4.3 节将专门对这一问题展开研究。

仿真试算过程如下。

在已知重力异常图的基础上选取范围为 23.142°～23.309°N，120.167°～120.335°E(对应格网范围为 65～70，95～100，以下三种积分计算方法都采用这一范围)的区域作为梯度计算区域，其重力变化幅度如图 4.2 所示。采用局部积分代替全球积分，局部积分范围分别选为以各个计算点为中心、周围 30×30 的网格区域。另外，在计算过程中由于奇异值的存在，对于与计算点相邻的八个网格数据在进行离散积分处理时相应的积分面积要做特殊处理(图 4.1)，此后利用平面离散积分对垂直梯度进行计算，计算结果如表 4.1、图 4.2 和图 4.3 所示。

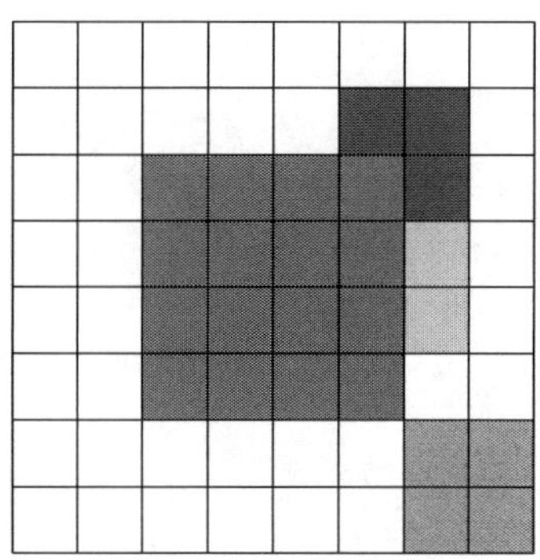

图 4.1　奇异值处理示意图

表 4.1　平面积分梯度计算结果　(单位:E)

经度方向 \ 纬度方向	95(格网数)	96(格网数)	97(格网数)	98(格网数)	99(格网数)	100(格网数)
65(格网数)	0.001186	0.001167	0.001151	0.001099	0.001023	0.000916
66(格网数)	0.001121	0.001124	0.001112	0.001062	0.001004	0.000902
67(格网数)	0.001070	0.001080	0.001069	0.001048	0.000996	0.000919
68(格网数)	0.001054	0.001048	0.001062	0.001045	0.001012	0.000942
69(格网数)	0.001085	0.001043	0.001033	0.001030	0.001034	0.000954
70(格网数)	0.001110	0.001057	0.001062	0.001058	0.001025	0.000975

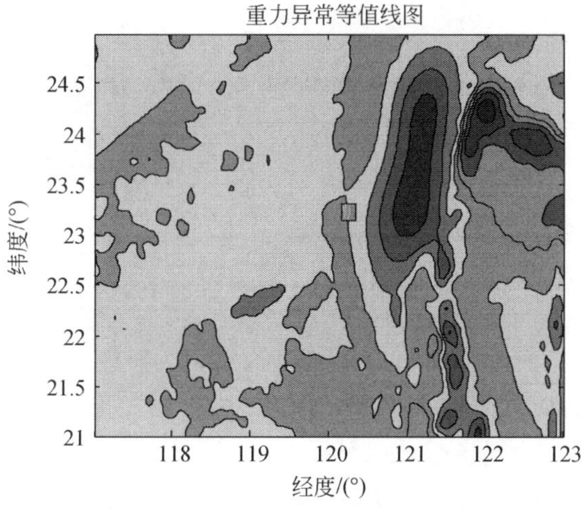

图 4.2　计算区域重力变化情况(见彩图)

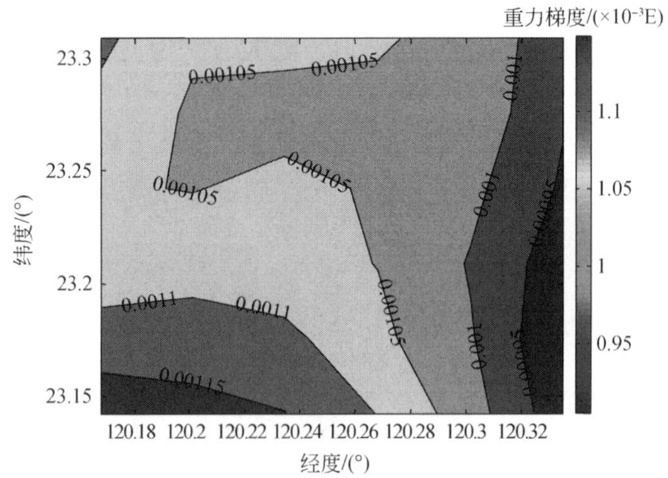

图 4.3 平面积分梯度等值线图

表 4.1 为平面离散积分求解的各格网点处的垂直梯度值，图 4.2 中央红色方形区域为梯度求解区域，图 4.3 为平面积分求解出的梯度等值线图。

4.2.2 球面积分

平面积分没有考虑子午线收敛造成的影响，子午线收敛意味着重力异常网格值在东西方向上并不是等间距取值的，它是随纬度变化而变化的，平面积分忽略了这一误差，在小范围内可以忍受，当积分范围较大时，这种做法是不可取的，而球面积分则充分考虑了这一误差。

同样略去推导，直接给出球面积分的基本公式为

$$\frac{\partial \Delta g}{\partial h}=\frac{1}{2\pi R}\iint \frac{(\Delta g(\varphi,\lambda)-\Delta g_0)\cos\varphi}{r^3}\mathrm{d}\varphi\mathrm{d}\lambda \tag{4.3}$$

离散形式为

$$\frac{\partial \Delta g}{\partial h}=\frac{1}{2\pi R}\sum_{i=-\infty}^{\infty}\sum_{j=-\infty}^{\infty}\frac{(\Delta g_{ij}-\Delta g_0)\cos\varphi}{r_{ij}^3}\Delta\varphi\Delta\lambda \tag{4.4}$$

式中，$r_{ij}=\sqrt{i^2\Delta\varphi^2+j^2\Delta\lambda^2\cos\varphi_1^2}$，$\varphi_1$ 为常数，其取值为积分区域中 $(\varphi_{\max}+\varphi_{\min})/2$ 的大小，对于奇异值的处理与平面积分相同。

仿真试算过程如下。

采用与平面积分相同的重力异常数据，梯度计算区域和积分范围不变，计算结果如表 4.2 和图 4.4 所示。

表 4.2　球面积分梯度计算结果　（单位：E）

经度方向 \ 纬度方向	95(格网数)	96(格网数)	97(格网数)	98(格网数)	99(格网数)	100(格网数)
65(格网数)	0.001289	0.001278	0.001271	0.001221	0.001146	0.001036
66(格网数)	0.001224	0.001236	0.001231	0.001182	0.001127	0.001022
67(格网数)	0.001172	0.001191	0.001184	0.001169	0.001118	0.001042
68(格网数)	0.001156	0.001154	0.001179	0.001166	0.001136	0.001068
69(格网数)	0.001186	0.001148	0.001145	0.001148	0.001162	0.001079
70(格网数)	0.001212	0.001163	0.001178	0.001181	0.001150	0.001102

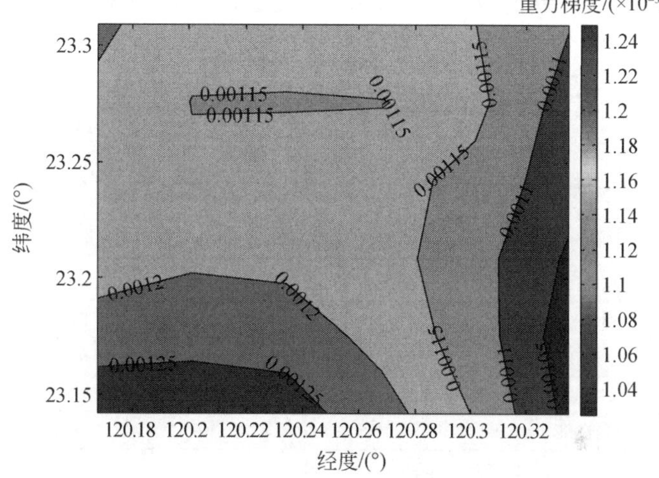

图 4.4　球面积分梯度等值线图

4.2.3　梯形积分

无论平面积分还是球面积分，都是用矩形离散积分形式近似代替连续积分，而梯形积分在精度方面要高于矩形积分，以下就是要验证梯形积分在计算垂直梯度方面的精度。基本公式为

$$\frac{\partial \Delta g}{\partial h}=\frac{1}{2\pi R}\iint \frac{(\Delta g(\varphi,\lambda)-\Delta g_0)\cos\varphi}{r^3}\mathrm{d}\varphi\mathrm{d}\lambda \tag{4.5}$$

重力异常差可用线性样条表示为

$$\Delta g(\varphi,\lambda)-\Delta g_0=\sum_i\sum_j(\Delta g_{ij}-\Delta g_0)\cos\varphi\Delta(x-i)\Delta(y-j) \tag{4.6}$$

式中

$$\Delta(x-i)\Delta(y-j)=\begin{cases}(1-|x-i|)(1-|y-j|), & |x-i|<1,|y-j|<1\\ 0, & \text{其他}\end{cases} \tag{4.7}$$

将式(4.6)代入式(4.5)可得

$$\frac{\partial \Delta g}{\partial h}=\frac{1}{2\pi R}\sum_{i}\sum_{j}(\Delta g_{ij}-\Delta g_{0})I_{ij} \tag{4.8}$$

式中，$I_{ij}=\int_{i-1}^{i+1}\Delta(x-i)\mathrm{d}x\int_{j-1}^{j+1}\Delta(y-i)\mathrm{d}y/r^{3}$，经过以上变形对式(4.5)的求解就无需传统的离散近似，是一种真正意义上的连续积分，而且通过计算各个积分点的积分系数，计算点与各个积分点一一对应起来，具有鲜明的物理意义。

仿真试算过程如下。

采用与平面积分相同的重力异常数据，积分区域和积分范围不变，梯形积分计算结果如表 4.3 和图 4.5 所示。

表 4.3　连续梯形积分计算结果　　(单位:E)

东西方向 \ 南北方向	95(格网数)	96(格网数)	97(格网数)	98(格网数)	99(格网数)	100(格网数)
65(格网数)	0.001436	0.001422	0.001412	0.001358	0.001274	0.001151
66(格网数)	0.001364	0.001374	0.001368	0.001318	0.001254	0.001139
67(格网数)	0.001306	0.001325	0.001320	0.001303	0.001247	0.001160
68(格网数)	0.001290	0.001288	0.001311	0.001299	0.001267	0.001189
69(格网数)	0.001326	0.001284	0.001281	0.001285	0.001293	0.001205
70(格网数)	0.001355	0.001300	0.001313	0.001317	0.001286	0.001231

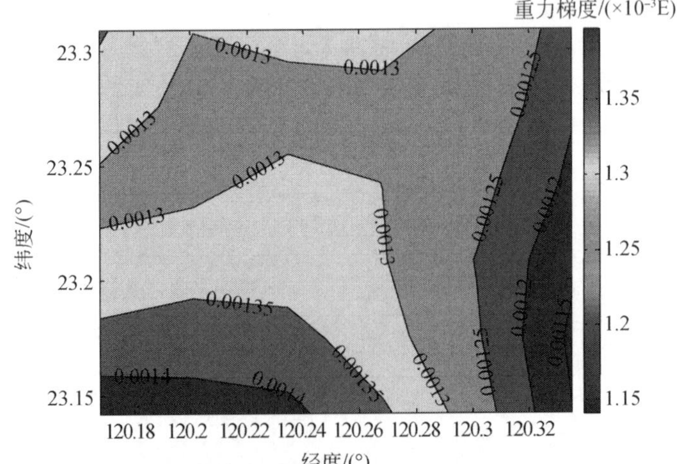

图 4.5　连续梯形积分梯度等值线图

表 4.4 为求出的部分积分系数 I_{ij} 。

表 4.4　积分系数 I_{ij}

j \ i	0	1	2	3	4	5
0	奇异值	0.2356(部分奇异)	0.2204	0.0571	0.0230	0.0116
1	0.2356(部分奇异)	0.2517(部分奇异)	0.1435	0.0470	0.0206	0.0108
2	0.1661	0.1210	0.0604	0.0293	0.0154	0.0089
3	0.0437	0.0379	0.0265	0.0168	0.0105	0.0067
4	0.0177	0.0164	0.0132	0.0098	0.0069	0.0049
5	0.0089	0.0085	0.0074	0.0060	0.0046	0.0035

4.3　重力异常垂直梯度中央区效应的精密计算

利用重力异常计算重力梯度的三种方法在实际中，计算点及其附近区域（本书称为中央区）到计算点的理论距离接近于零，导致重力异常垂直梯度计算公式中的积分奇异。由于重力异常数据分辨率中央区最小是一个网格的面积，通常为数平方公里乃至数十平方公里，因此该区域对重力异常垂直梯度的贡献不能忽略。传统做法将中央区视为圆域，给出了中央区重力异常垂直梯度的计算公式[60]，在一定程度上解决了这一问题。然而，实际计算所用的数据通常为网格化分布，由于子午线收敛的影响，中央区更近似于矩形域，因此将中央区视为圆域的处理方法与数据真实分布情况并不相符，特别是在高纬度区域差异将更为明显，由此产生的误差在高精度重力异常垂直梯度的计算中能否被忽略值得深入研究。鉴于此，本书将中央区视为矩形域，引入非奇异变换，推导出中央区重力异常垂直梯度的精密计算公式，以低纬度区域分辨率是 $2' \times 2'$ 的重力数据为背景场进行仿真计算，结果表明，在反演计算点本身所在的一个网格对重力异常垂直梯度的贡献时，传统公式与本书导出公式计算结果差值的最大值达数个厄特弗斯。本书导出公式可为重力异常垂直梯度的高精度计算提供理论依据。

4.3.1　重力异常垂直梯度计算公式及其平面近似形式

略去推导过程，由重力异常计算重力异常垂直梯度的公式为[60]

$$\Gamma=\frac{\partial \Delta g}{\partial h}=\frac{R^2}{2\pi}\iint_{\sigma}\frac{\Delta g-\Delta g_P}{l^3}\mathrm{d}\sigma-\frac{2}{R}\Delta g_P \tag{4.9}$$

式中，Δg_P 为计算点 P 处的重力异常；$\partial\Delta g/\partial h$ 为该点的重力异常垂直梯度(为书写方便,本书用 Γ 表示)；$R=6371\mathrm{km}$ 为地球的平均半径；$\mathrm{d}\sigma$ 为流动面元；l 为计算点 P 与流动面元的空间距离,可由式(4.10)确定：

$$l=2R\sin\frac{\psi_{PQ}}{2} \tag{4.10}$$

式中，ψ_{PQ} 为计算点 P 至流动点 Q 的球面角距,它是计算点与流动点地理坐标的函数,如式(4.11)所示：

$$\psi_{PQ}=\arccos[\sin\varphi_P\sin\varphi_Q+\cos\varphi_P\cos\varphi_Q\cos(\lambda_P-\lambda_Q)] \tag{4.11}$$

式中，φ_P,λ_P 为计算点 P 的地理坐标；φ_Q,λ_Q 为流动点 Q 的地理坐标。

对于中央区的计算,可以采用平面近似公式。如图 4.6 所示,建立局部坐标系,计算点 P 为坐标原点，x 轴指向北，y 轴指向东,则有

$$l\approx\sqrt{x^2+y^2} \tag{4.12}$$

将式(4.12)代入式(4.9),并顾及积分面元 $R^2\mathrm{d}\sigma=\mathrm{d}x\mathrm{d}y$,可得式(4.9)的平面近似形式为

$$\Gamma=\frac{1}{2\pi}\iint_{\sigma}\frac{\Delta g-\Delta g_P}{(x^2+y^2)^{3/2}}\mathrm{d}x\mathrm{d}y-\frac{2}{R}\Delta g_P \tag{4.13}$$

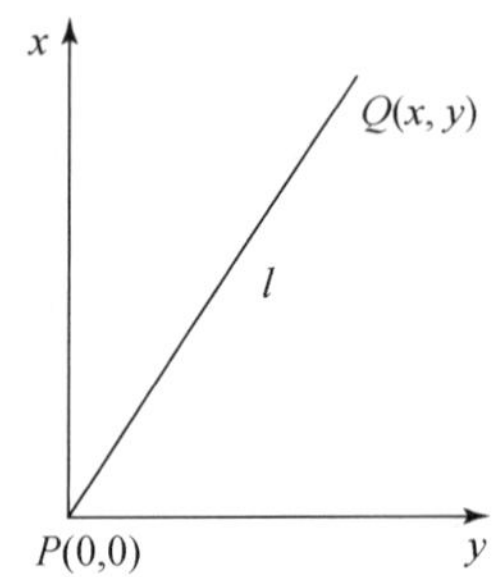

图 4.6　局部坐标系示意图

可以看出,式(4.13)中的积分在计算点 P 处奇异。为解决积分奇异,文献[60]将中央区视为圆域,将中央区内的重力异常展开为如下泰勒级数形式：

$$\Delta g(x,y)=\Delta g_P+xg_x+yg_y+\frac{1}{2!}(x^2g_{xx}+2xyg_{xy}+y^2g_{yy})+\cdots \tag{4.14}$$

推导出该圆域对式(4.13)中积分式的影响为

$$\mathrm{IG}_M = \frac{s_0}{4}(g_{xx} + g_{yy}) \tag{4.15}$$

此时重力异常垂直梯度计算公式为

$$\Gamma_M = \mathrm{IG}_M - \frac{2}{R}\Delta g_P \tag{4.16}$$

式(4.15)中，$s_0 = \sqrt{\dfrac{\Delta x \Delta y}{\pi}}$ 为圆域半径，$\Delta x, \Delta y$ 分别为 x 方向和 y 方向的网格间距。

4.3.2　中央区效应的精密计算

为得到中央区为矩形域时的重力异常垂直梯度计算公式，需要解决式(4.13)中的奇异积分问题。奇异积分的计算一直是地球物理学中的一个难点问题，制约着重力场泛函的计算精度。文献[61]提出一组非奇异变换，系统地解决了物理大地测量中高程异常、垂线偏差、地形改正等泛函的中央区计算问题[61~63]。这组非奇异变换不仅可使中央区直接数值积分，而且可简化有关的解析推导，值得推广应用。为此，本书首先将中央区重力异常分量表示为双三次多项式插值形式，之后利用非奇异变换对式(4.13)中的奇异积分进行处理，推导出中央区重力异常垂直梯度的精密计算公式。

中央区重力异常双三次多项式插值表示如图 4.7 所示。

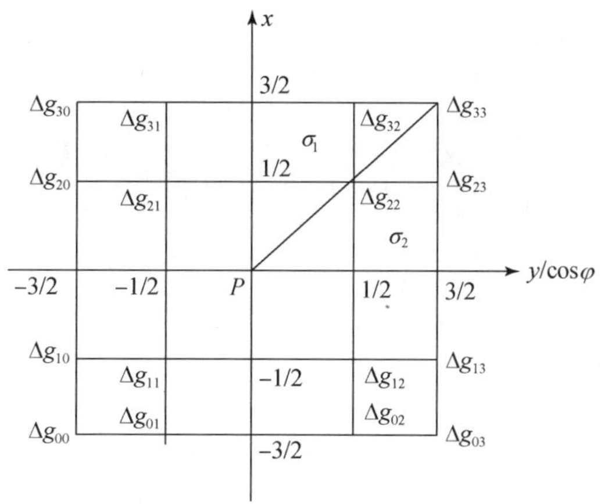

图 4.7　重力异常双三次多项式插值表示下的中央区示意图

地理网格划分时，由于子午线收敛，因此网格一般为矩形，如图 4.7 所示。本书设中央区为 σ：$\left[-\frac{3}{2}a<x<\frac{3}{2}a,-\frac{3}{2}b<y<\frac{3}{2}b\right]$，其中 $a=1,b=\cos\varphi$。中央区共包含 9 个网格单元，16 个网格节点。在地球重力场计算中，把格网重力异常数据表示为连续的插值多项式形式，往往会提高有关计算量的精度[64]。为充分反映中央区内重力异常的变化细节，本书将中央区重力异常 Δg 表示成如下双三次多项式插值形式：

$$\Delta g(x,y)=\sum_{i=0}^{3}\sum_{j=0}^{3}\alpha_{ij}x^i y^j=\sum_{i=0}^{3}x^i\sum_{j=0}^{3}\alpha_{ij}y^j \tag{4.17}$$

式中，a_{ij} 为待定系数；$\Delta g_p=\Delta g(0,0)=\alpha_{00}$。

为确定出待定系数 a_{ij}，将式(4.17)改写为

$$\begin{aligned}\Delta g&=\sum_{i=0}^{3}x^i\sum_{j=0}^{3}\beta_{ij}(y/\cos\varphi)^j\\&=[1\ x\ x^2\ x^3]\begin{bmatrix}\beta_{00}&\beta_{01}&\beta_{02}&\beta_{03}\\\beta_{10}&\beta_{11}&\beta_{12}&\beta_{13}\\\beta_{20}&\beta_{21}&\beta_{22}&\beta_{23}\\\beta_{30}&\beta_{31}&\beta_{32}&\beta_{33}\end{bmatrix}\begin{bmatrix}1\\y/\cos\varphi\\y^2/\cos^2\varphi\\y^3/\cos^3\varphi\end{bmatrix}\end{aligned} \tag{4.18}$$

式中，$\beta_{ij}=\alpha_{ij}\cos^j\varphi$。

将图 4.7 中网格节点处的重力异常 $\Delta g_{ij}=\Delta g\left(i-\frac{3}{2},\left(j-\frac{3}{2}\right)\cos\varphi\right)(i,j=0,1,2,3)$ 作为插值条件代入式(4.18)，可得

$$\begin{bmatrix}1&-\frac{3}{2}&\frac{9}{4}&-\frac{27}{8}\\1&-\frac{1}{2}&\frac{1}{4}&-\frac{1}{8}\\1&\frac{1}{2}&\frac{1}{4}&\frac{1}{8}\\1&\frac{3}{2}&\frac{9}{4}&\frac{27}{8}\end{bmatrix}\begin{bmatrix}\beta_{00}&\beta_{01}&\beta_{02}&\beta_{03}\\\beta_{10}&\beta_{11}&\beta_{12}&\beta_{13}\\\beta_{20}&\beta_{21}&\beta_{22}&\beta_{23}\\\beta_{30}&\beta_{31}&\beta_{32}&\beta_{33}\end{bmatrix}\begin{bmatrix}1&1&1&1\\-\frac{3}{2}&-\frac{1}{2}&\frac{2}{1}&\frac{3}{2}\\\frac{9}{4}&\frac{1}{4}&\frac{1}{4}&\frac{9}{4}\\-\frac{27}{8}&-\frac{1}{8}&\frac{1}{8}&\frac{27}{8}\end{bmatrix}$$

$$=\begin{bmatrix}\Delta g_{00}&\Delta g_{01}&\Delta g_{02}&\Delta g_{03}\\\Delta g_{10}&\Delta g_{11}&\Delta g_{12}&\Delta g_{13}\\\Delta g_{20}&\Delta g_{21}&\Delta g_{22}&\Delta g_{23}\\\Delta g_{30}&\Delta g_{31}&\Delta g_{32}&\Delta g_{33}\end{bmatrix} \tag{4.19}$$

式(4.19)可简写为

$$A(\beta_{ij})A^{\mathrm{T}}=(\Delta g_{ij}) \tag{4.20}$$

式中

$$A=\begin{bmatrix} 1 & -\frac{3}{2} & \frac{9}{4} & -\frac{27}{8} \\ 1 & -\frac{1}{2} & \frac{1}{4} & -\frac{1}{8} \\ 1 & \frac{1}{2} & \frac{1}{4} & \frac{1}{8} \\ 1 & \frac{3}{2} & \frac{9}{4} & \frac{27}{8} \end{bmatrix} \tag{4.21}$$

系数矩阵 A 非奇异、可逆，略去烦琐的求逆过程，可得

$$A^{-1}=\begin{bmatrix} -\frac{1}{16} & \frac{9}{16} & \frac{9}{16} & -\frac{1}{16} \\ \frac{1}{24} & -\frac{9}{8} & \frac{9}{8} & -\frac{1}{24} \\ \frac{1}{4} & -\frac{1}{4} & -\frac{1}{4} & \frac{1}{4} \\ -\frac{1}{6} & \frac{1}{2} & -\frac{1}{2} & \frac{1}{6} \end{bmatrix} \tag{4.22}$$

因此

$$(\beta)_{ij}=A^{-1}(\Delta g_{ij})(A^{-1})^{\mathrm{T}} \tag{4.23}$$

式(4.17)中待定系数 $\alpha_{ij}=\beta_{ij}\ (1/\cos\varphi)^{j}$ 。

以上推导和计算过程使用了阵列代数，一般的双三次多项式插值共有 4×4 个待定系数，需要确定一个 16×16 阶矩阵的逆，而使用阵列代数只需确定两个 4×4 阶矩阵的逆，从而提高了计算效率。

为推导方便，记式(4.13)中的积分项为

$$\mathrm{IG}=\frac{1}{2\pi}\iint_{\sigma}\frac{\Delta g-\Delta g_{P}}{(x^{2}+y^{2})^{3/2}}\mathrm{d}x\mathrm{d}y \tag{4.24}$$

将式(4.17)代入式(4.24)，考虑到奇偶函数的积分性质，则有

$$\mathrm{IG}=\frac{1}{2\pi}\iint_{\sigma}\frac{\alpha_{02}y^{2}+\alpha_{20}x^{2}+\alpha_{22}x^{2}y^{2}}{(x^{2}+y^{2})^{3/2}}\mathrm{d}x\mathrm{d}y \tag{4.25}$$

由计算点 P 向右上顶点作连线分右上象限为 σ_1：$\left[0<x<\frac{3}{2},0<y<bx\right]$ 和 σ_2：$\left[0<x<b^{-1}y,0<y<\frac{3}{2}b\right]$，如图 4.7 所示。对 σ_1 引入非奇异变换[60]：

$$\begin{cases}x=x\\y=kx\end{cases} \tag{4.26}$$

对 σ_2 引入非奇异变换：

$$\begin{cases}x=\lambda y\\y=y\end{cases} \tag{4.27}$$

则三角形 σ_1 映射为矩形 σ_1'：$\left[0<x<\frac{3}{2},0<k<b\right]$，三角形 σ_2 映射为矩形 σ_2'：$\left[0<\lambda<b^{-1},0<y<\frac{3}{2}b\right]$。

将式(4.26)和式(4.27)代入式(4.25)，并注意到式(4.25)中的被积函数为偶函数，因此有

$$\begin{aligned}\mathrm{IG}&=\frac{1}{2\pi}\left(4\iint_{\sigma_1}\frac{\alpha_{02}y^2+\alpha_{20}x^2+\alpha_{22}x^2y^2}{(x^2+y^2)^{3/2}}\mathrm{d}x\mathrm{d}y+4\iint_{\sigma_2}\frac{\alpha_{02}y^2+\alpha_{20}x^2+\alpha_{22}x^2y^2}{(x^2+y^2)^{3/2}}\mathrm{d}x\mathrm{d}y\right)\\&=\frac{2}{\pi}\left(\int_0^b\int_0^{\frac{3}{2}}\frac{\alpha_{02}k^2+\alpha_{20}+\alpha_{22}k^2x^2}{(1+k^2)^{3/2}}\mathrm{d}x\mathrm{d}k+\int_0^{b^{-1}}\int_0^{\frac{3}{2}b}\frac{\alpha_{02}+\alpha_{20}\lambda^2+\alpha_{22}\lambda^2y^2}{(1+\lambda^2)^{3/2}}\mathrm{d}y\mathrm{d}\lambda\right)\\&=\frac{2}{\pi}\left[\int_0^b\frac{\frac{3}{2}\alpha_{02}k^2+\frac{3}{2}\alpha_{20}+\frac{9}{8}\alpha_{22}k^2}{(1+k^2)^{3/2}}\mathrm{d}k+b\int_0^{b^{-1}}\frac{\frac{3}{2}\alpha_{02}+\frac{3}{2}\alpha_{20}\lambda^2+\frac{9}{8}b^2\alpha_{22}\lambda^2}{(1+\lambda^2)^{3/2}}\mathrm{d}\lambda\right]\end{aligned} \tag{4.28}$$

可以看出，在非奇异变换下，原来含有 x,y 两变量的二维积分，则转换为只含 k（或 λ）变量的一维积分，从而为后续推导带来了极大的方便，具体的积分值可在计算机代数系统 Mathematica[64] 下求得

$$\mathrm{IG}=\frac{3}{4\pi}((4\alpha_{02}+3\alpha_{22})\mathrm{arsh}b+(8\alpha_{20}+6b^2\alpha_{22})b\cdot\mathrm{arcsch}b-3b\sqrt{1+b^2}\,\alpha_{22}) \tag{4.29}$$

式中

$$\mathrm{arsh}b=\ln(b+\sqrt{1+b^2}) \tag{4.30}$$

$$\mathrm{arcsch}b=\frac{1}{2}\ln\frac{1+\sqrt{1+b^2}}{b} \tag{4.31}$$

将式(4.29)代入式(4.13)，考虑到 a 一般非单位长度，并且 IG 含长度负一次方量纲，最后可得中央区重力异常的计算公式为

$$\Gamma_1=\frac{3}{4\pi a}((4\alpha_{02}+3\alpha_{22})\mathrm{arsh}b+(8\alpha_{20}+6b^2\alpha_{22})b\cdot\mathrm{arcsch}b-3b\sqrt{1+b^2}\,\alpha_{22})-\frac{2}{R}\alpha_{00} \tag{4.32}$$

式中，$b \equiv \cos\varphi$，无论 a 是否为单位长度。

中央区仍如图 4.7 所示，若将积分区域选为 σ'：$\left[-\frac{1}{2}<x<\frac{1}{2},-\frac{1}{2}b<y<\frac{1}{2}b\right]$，则计算点 P 所在的一个网格对重力异常垂直梯度的贡献可采用类似方法确定，略去具体的运算步骤，可得

$$\Gamma_2=\frac{1}{12\pi a}((12\alpha_{02}+\alpha_{22})\mathrm{arsh}b+(24\alpha_{20}+2b^2\alpha_{22})b\cdot\mathrm{arcsch}b-b\sqrt{1+b^2}\,\alpha_{22})-\frac{2}{R}\alpha_{00} \tag{4.33}$$

4.3.3 算例分析

1. 理论模型下的精度分析

为分析比较本书导出的奇异积分计算式(4.29)与文献[60]导出的式(4.15)的计算误差，取中央区为 σ：$\left[-\frac{3}{2}a<x<\frac{3}{2}a,-\frac{3}{2}b<y<\frac{3}{2}b\right]$，其中 $a=1,b=\cos\varphi$，重力异常的理论模型为式(4.14)。

将式(4.15)代入式(4.24)，考虑到奇偶函数的积分性质，该积分项可变换为

$$\mathrm{IG}_r=\frac{1}{4\pi}\iint_{\sigma}\frac{g_{xx}x^2+g_{yy}y^2}{(x^2+y^2)^{3/2}}\mathrm{d}x\mathrm{d}y=\frac{1}{\pi}\int_0^{\frac{3}{2}b}\int_0^{\frac{3}{2}}\frac{g_{xx}x^2+g_{yy}y^2}{(x^2+y^2)^{3/2}}\mathrm{d}x\mathrm{d}y \tag{4.34}$$

引入非奇异变换式(4.26)和式(4.27)后，式(4.34)变换为

$$\begin{aligned}\mathrm{IG}_r&=\frac{1}{\pi}\int_0^{b}\int_0^{\frac{3}{2}}\frac{g_{xx}+k^2g_{yy}}{(1+k^2)^{3/2}}\mathrm{d}x\mathrm{d}k+\int_0^{b^{-1}}\int_0^{\frac{3}{2}b}\frac{\lambda^2g_{xx}+g_{yy}}{(1+\lambda^2)^{3/2}}\mathrm{d}y\mathrm{d}\lambda\\&=\frac{3}{2\pi}(2bg_{xx}\mathrm{arcsch}b+g_{yy}\mathrm{arsh}b)\end{aligned} \tag{4.35}$$

IG_r 即为中央区对积分项影响的真值。

将双三次多项式插值表示的中央区重力异常式(4.17)中的系数 α_{ij} 代入式(4.29)，可得本书方法确定的中央区对积分项的影响。由于这一过程计算十分复杂，人工推导难以实现，本书借助具有强大符号运算功能的 Mathematica 进行推导，略去具体运算步骤，最后得

$$\mathrm{IG}_1=\frac{3}{2\pi}(2bg_{xx}\mathrm{arcsch}b+g_{yy}\mathrm{arsh}b) \tag{4.36}$$

可见，本书方法确定的 IG_1 与非奇异变换后的真值 IG_r 完全一致。

将 $\Delta x=3,\Delta y=3b$ 代入式(4.15)，可得文献[60]确定的中央区对积分项的影响为

$$\mathrm{IG}_M=\frac{3\sqrt{b}}{4\sqrt{\pi}}(g_{xx}+g_{yy}) \tag{4.37}$$

因此，文献[60]导出公式的相对误差为

$$\beta_M=\frac{\mathrm{IG}_M-\mathrm{IG}_r}{\mathrm{IG}_r}=-1+\frac{\sqrt{\pi b}}{2}\frac{1+m}{2bm\cdot\mathrm{arcsch}b+\mathrm{arsh}b} \tag{4.38}$$

式中，$m=\dfrac{g_{xx}}{g_{yy}}$。

不同纬度 φ 和比值 m 处相对误差 β_M 的具体数值列于表 4.5。为形象地描述 β_M 随 φ 和 m 的变化情况，本书绘制出了 m,φ 分别取定值时 β_M 的变化曲线，如图 4.8 所示。

表 4.5　不同纬度 φ 和比值 m 处的相对误差 β_M　　（单位：%）

φ/(°) \ m	−5	−1	0	1	5
0	0.55	−100	0.55	0.55	0.55
20	−2.18	−100	2.51	0.58	−0.66
40	−9.74	−100	9.88	1.09	−4.03
60	−19.86	−100	30.22	4.18	−8.08
80	−24.46	−100	113.73	23.42	−3.71

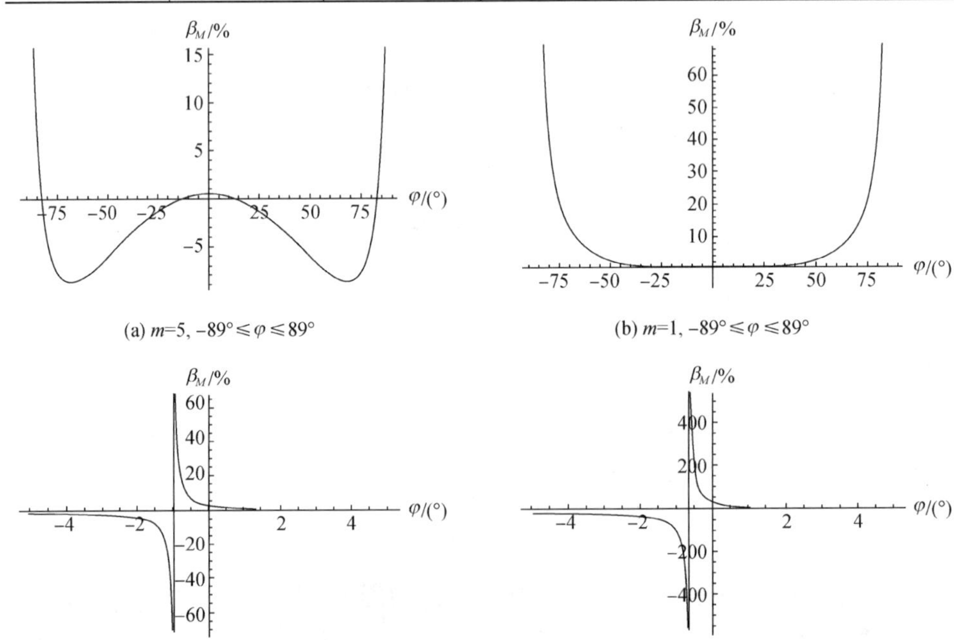

图 4.8　相对误差 β_M 的变化示意图

分析图 4.8,并结合表 4.5 可以发现:

(1) m 为定值时,β_M 是关于纬度 φ 的偶函数。$m=-1$ 时,式(4.38)中分子为零,$\beta_M=-1$;$\varphi=0°$ 时,$m=-1$ 时,$\beta_M=0.55\%$ 。

(2) φ 为定值时,式(4.38)的分母在 $m_0=-\dfrac{\text{arsh}b}{2b\cdot\text{arcsch}b}$ 处为零,β_M 变化曲线在该点发生跳跃。当 $m<m_0$ 时,β_M 为负值,并随 m 的增大而减小;当 $m>m_0$ 时,β_M 也随 m 的增大而减小,并由正值变为负值。

2. 实际数据下的中央区效应分析

理论模型下的精度分析表明,传统公式(4.15)的计算精度低于本书视中央区为矩形域后采用非奇异变换导出的式(4.29)。为进一步说明传统公式与本书导出公式计算得到的中央区效应的差异,选定 22°～26°N,122°～126°E 海域作为试算区,以该区域 $2'\times2'$ 分辨率的重力异常数据作为背景场,实际计算了中央区效应。该区域的重力异常如图 4.9 所示,其最大值为 137.90mGal,最小值为 −229.40 mGal。

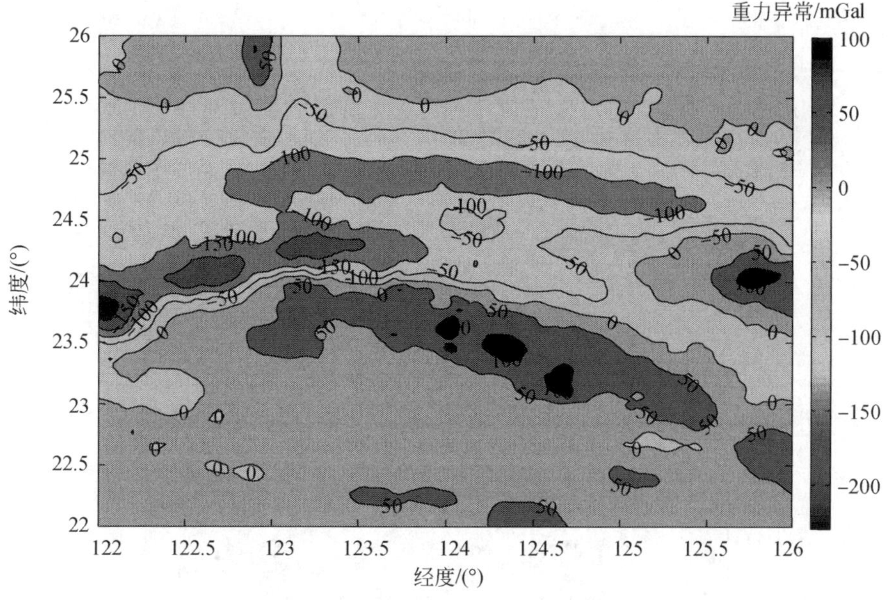

图 4.9　试算区重力异常(见彩图)

试算区共 120×120 个网格,假定中央区为 $6'\times6'$ (3×3 个网格),本书利用

式(4.32)、式(4.16)实际计算了 118×118 个网格的中央区效应,结果分别记为Γ_1,Γ_M;同时利用式(4.33)和式(4.16)计算了计算点本身所在的一个网格对重力异常垂直梯度的贡献,结果记为Γ_2,Γ'_M。两种方法计算结果的统计情况如表 4.6 所示,计算结果之间的比较情况如表 4.7 所示。$\Gamma_M-\Gamma_1$,$\Gamma'_M-\Gamma_2$分别如图 4.10 和图 4.11 所示。

表 4.6　两种方法的计算结果统计　(单位:E)

重力异常垂直梯度	最小值	最大值	平均值	均方差	标准差
Γ_1	−64.351	53.539	0.018	6.356	6.357
Γ_M	−59.748	48.688	0.019	5.849	5.849
Γ_2	−22.697	18.953	0.027	2.216	2.216
Γ'_M	−11.487	17.911	0.006	1.990	1.990

表 4.7　两种方法计算结果之间的比较　(单位:E)

重力异常垂直梯度差值	最小值	最大值	平均值	均方差	标准差
$\Gamma_M-\Gamma_1$	−4.852	5.362	5.865×10^{-4}	0.573	0.573
$\Gamma'_M-\Gamma_2$	−2.550	2.753	1.964×10^{-4}	0.252	0.252

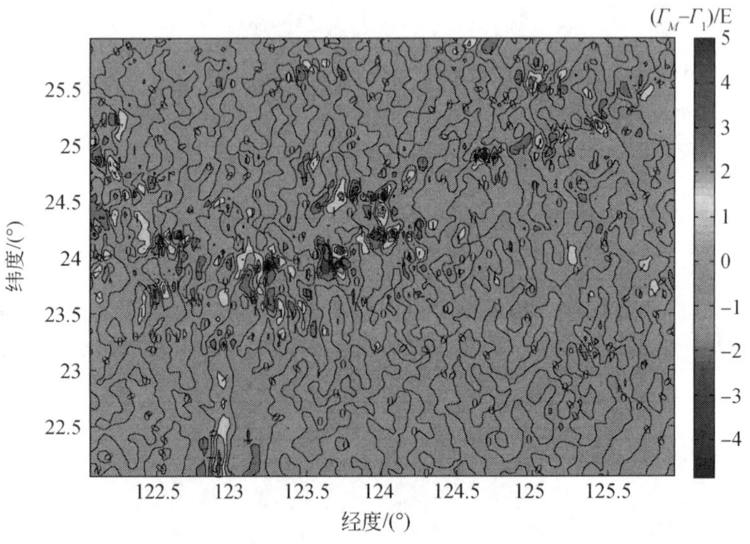

图 4.10　$\Gamma_M-\Gamma_1$ 示意图(见彩图)

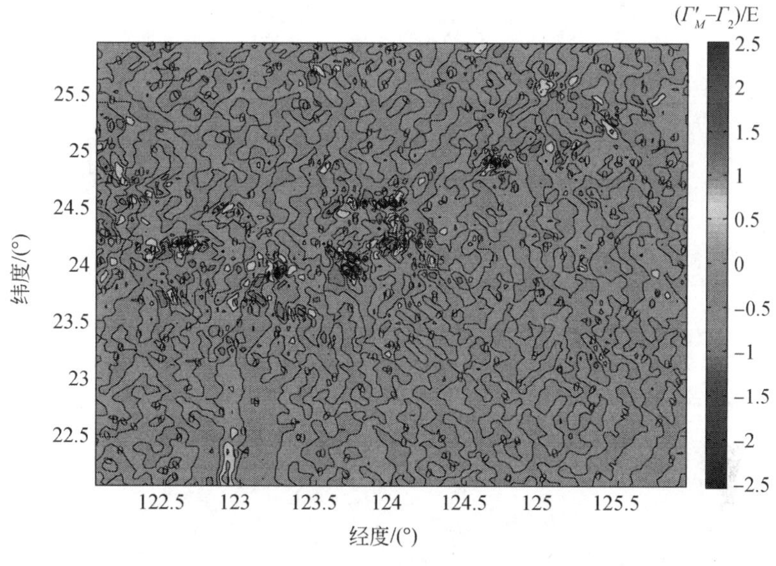

图 4.11　$\Gamma'_M-\Gamma_2$ 示意图(见彩图)

由表 4.7 可以看出,当中央区包含 3×3 个网格时,文献[60]给出的式(4.16)与本书导出的式(4.32)计算得到的中央区重力异常垂直梯度差值的均方差和标准差均为 0.573E,最大值高达 5.362E;当积分区域为计算点本身所在的一个网格时,文献[60]给出的式(4.16)与本书导出的式(4.33)计算得到的中央区重力异常垂直梯度差值的均方差和标准差均为 0.252E,最大值高达 2.753E。可见,利用传统公式计算得到的中央区重力异常垂直梯度不够精确。本书选择的试算区位于低纬度,可以想象,若计算区域位于中高纬度,则传统公式的误差将会更大,对重力异常垂直梯度的计算精度势必产生更大影响。

4.4　由垂线偏差计算重力梯度

利用垂线偏差获取重力梯度的基本思想是:从地球重力场基本理论出发,在大地水准面局部切平面坐标系下,采用二次插值方法,基于测高重力异常解算得到水平方向的重力梯度,基于测高垂线偏差解算得到垂直方向的重力正常梯度和重力异常梯度[65]。

根据重力异常基本微分方程

$$\Delta g=-\frac{\partial T}{\partial r}-\frac{2}{r}T \tag{4.39}$$

对 r 进行微分，得

$$\frac{\partial \Delta g}{\partial r}=-\frac{\partial^2 T}{\partial r^2}-\frac{2}{r}\frac{\partial T}{\partial r}+\frac{2}{r^2}T \tag{4.40}$$

引入拉普拉斯方程式 $\Delta T=0$，并代入 $r=R,T=N\gamma$，有

$$\frac{\partial \Delta g}{\partial r}=\frac{2\gamma}{R^2}N-\frac{\gamma}{R^2}\tan\varphi\frac{\partial N}{\partial \varphi}+\frac{\gamma}{R^2}\frac{\partial^2 N}{\partial \varphi^2}+\frac{\gamma}{R^2\cos^2\varphi}\frac{\partial^2 N}{\partial \lambda^2} \tag{4.41}$$

由垂线偏差基本公式

$$\xi=-\frac{1}{R}\frac{\partial N}{\partial \varphi} \tag{4.42}$$

$$\eta=-\frac{1}{R\cos\varphi}\frac{\partial N}{\partial \lambda} \tag{4.43}$$

对其分别微分得

$$\frac{\partial^2 N}{\partial \varphi^2}=-R\frac{\partial \xi}{\partial \varphi} \tag{4.44}$$

$$\frac{\partial^2 N}{\partial \lambda^2}=-R\cos\varphi\frac{\partial \eta}{\partial \lambda} \tag{4.45}$$

将式(4.42)～式(4.45)代入式(4.41)，得到以垂线偏差的水平方向导数表达重力异常垂直梯度的公式为

$$\frac{\partial \Delta g}{\partial r}=\frac{2\gamma}{R^2}N+\frac{\gamma}{R}\xi\tan\varphi-\frac{\gamma}{R}\frac{\partial \xi}{\partial \varphi}-\frac{\gamma}{R\cos\varphi}\frac{\partial \eta}{\partial \lambda} \tag{4.46}$$

式中，γ 为地球正常重力值，一般取 978032mGal；R 为地球平均半径；N 为卯酉圈曲率半径；ξ 为垂线偏差的南北分量；η 为垂线偏差的东西分量。

4.5 由海底地形数据计算重力梯度

利用已有区域的地形数据反演获取相应的重力梯度是当前获取重力梯度背景场数据的另一个重要途径，为了开展相关的研究，重力梯度背景场数据是不可或缺的，因此本书提出利用海底地形数据来反演获取海洋重力梯度数据，以构建用于匹配仿真实验的背景场图。

4.5.1 基本原理

海洋中引起空间某点处重力梯度变化的因素是多方面的，如海底地形起伏、底质岩石密度的变化、海洋潮汐等都引起重力梯度的变化，其中地形的起伏变化占据

着绝对的主项，而且第 6 章的研究主要是利用重力梯度仪输出值的变化来确定是否有障碍物的存在，它对应于重力梯度的异常部分，主要是由地形的凸起或凹陷引起的，因此本节主要研究利用海底地形数据来反演重力梯度数据的算法。

背景场数据的获取可以有两种途径，其一是通过测量的手段直接获取，图 4.12和图 4.13 为贝尔地球空间公司测绘的墨西哥湾全重力梯度分布图和西太

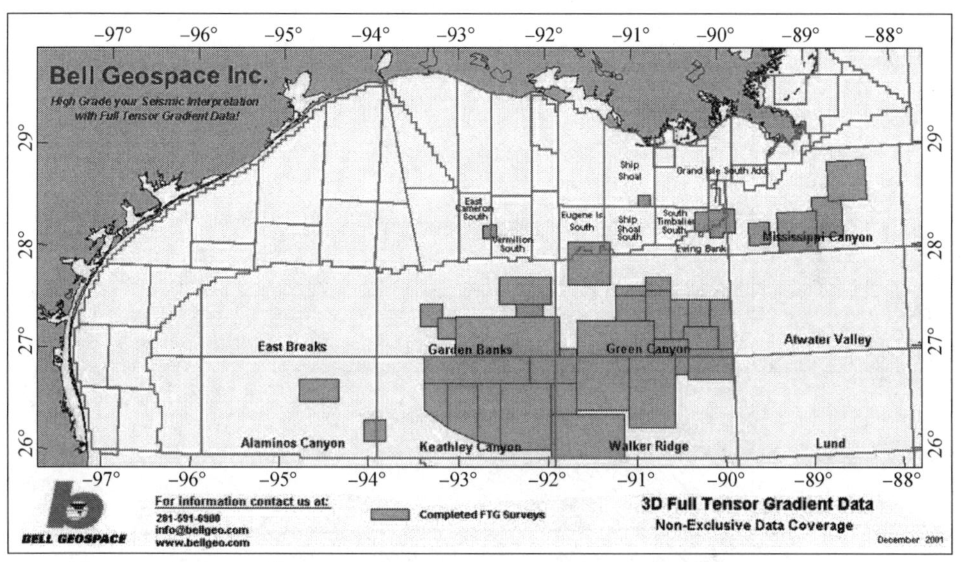

图 4.12　贝尔地球空间公司测绘的墨西哥湾全张量重力梯度分布图

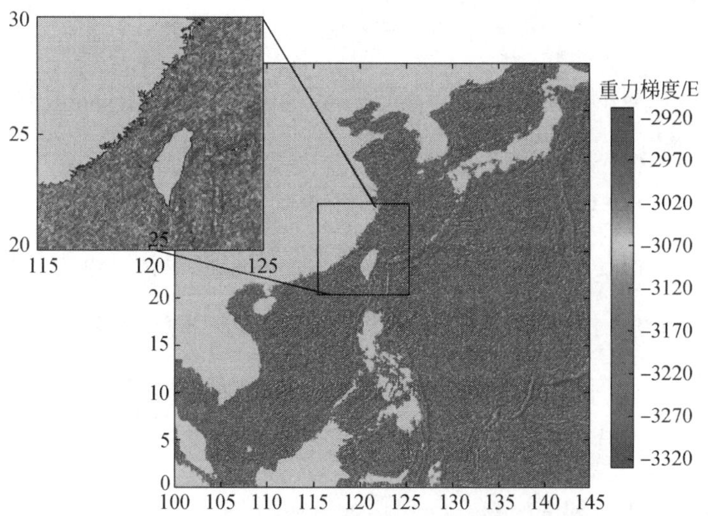

图 4.13　西太平洋海域卫星测高重力垂直梯度分布图

平洋海域卫星测高重力垂直梯度分布图，利用卫星测高获取数据的缺陷是只能反演大范围的海域且分辨率较低。

获取重力梯度数据的另一种方法是通过已有的海洋物理场数据来反演得到重力梯度背景场数据，这也是课题研究将着力解决的问题。图 4.14 为地形与梯度的映射关系图[66]，可以看出重力梯度与地形有强烈的对应关系，基于此，课题将探索利用已有的地形数据，通过地形与重力梯度的对应关系来实现重力梯度背景场图的制备[67]。

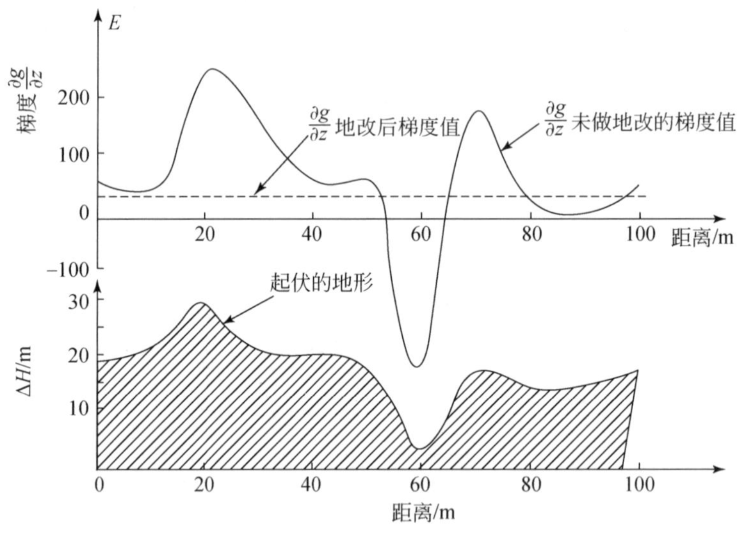

图 4.14　重力梯度与地形的映射关系

在梯度仪测量的数据中，垂直方向的梯度为观测值的主体，同时为了将问题简化，在此仅考虑垂直重力梯度 g_z：

$$g_z = \frac{\partial g}{\partial h} = \frac{\partial \gamma}{\partial h} + A + B + C \tag{4.47}$$

式中，A 为地形起伏对重力梯度的影响；B 为地下密度异常对重力梯度的影响；C 为测量点上方物质对重力梯度的影响；$\frac{\partial \gamma}{\partial h}$ 为正常重力梯度，它是垂直梯度的主项，只与纬度有关，可以通过如下的正常重力梯度公式直接计算得到[29]：

$$\frac{\partial \gamma}{\partial h} = -3085.5 \times (1 + 0.0007\cos 2\varphi) + 1.45 \times 10^{-3} h \tag{4.48}$$

地形起伏对重力垂直梯度的影响 A 可由如下积分公式计算得到：

$$A = G\rho\iiint_0^{\Delta h} \frac{2z^2 - x^2 - y^2}{(x^2 + y^2 + z^2)^{5/2}}\mathrm{d}x\mathrm{d}y\mathrm{d}z \tag{4.49}$$

式中，x,y,z 是以计算点为原点的积分点坐标；G 为万有引力常数；ρ 为地壳密度，一般取 $\rho = 2.67\mathrm{g/cm}^2$；$\Delta h$ 为海底地形至海平面的距离。在本书研究中设定地壳密度为常数，则完成对 z 方向的积分后可得

$$A = G\rho\iint \frac{\Delta h}{(x^2 + y^2 + \Delta h^2)^{3/2}}\mathrm{d}x\mathrm{d}y \tag{4.50}$$

由于课题研究中收集到的地形数据是离散的，因此在未经拟合处理的情形下将以上积分公式转化为累加求和的形式，以实现相应的计算：

$$A = G\rho\sum_{i=-k}^{n=k}\sum_{j=-k}^{m=k} \frac{\Delta h(i,j)}{(i^2 + j^2 + \Delta h^2(i,j))^{3/2}} \tag{4.51}$$

式(4.51)中，k 的取值大小决定着计算结果的精度，因为 k 取值越大则涵盖的地形起伏范围越大，使得计算结果越反映真实情况，但同时，k 的取值过大则使得计算工作量增加，会影响整体的计算速度，而且实际上随着距离的增加，地形对计算点的梯度贡献会越来越小，因此在实际应用时应综合考虑精度需求与计算复杂度的关系。

4.5.2　区域数据试算

为了对上述推导的利用地形数据反演重力梯度的公式进行验证，特选取我国东海海域 28.0051°～31.007°N，126.0083°～129.0083°E 的 $2' \times 2'$ 地形数据进行试算，本书采用的 $2' \times 2'$ 数据在纬度方向的间隔为 0.0145°，经度方向的间隔为 0.0167°，在没有插值的情况下，按格网排列纬度方向有 208 个点，经度方向有 181 个点，依据式(4.51)进行计算。

为了将计算结果直观地表示出来，本书在 MATLAB 与 Surfer 中将计算结果进行了可视化处理，绘制了该海域的地形数据等值线图与三维立体图、正常重力垂直梯度的等值线图、由地形起伏引起的垂直梯度的等值线图及综合正常重力垂直梯度和地形起伏引起垂直梯度的总梯度的等值线图(图 4.15～图 4.19)。

由图 4.15～图 4.18 可以看出，由正常重力垂直梯度加上地形起伏引起的重力梯度而得到的总的垂直梯度与原始地形的变化幅度基本一致，说明地形起伏与重力梯度具有非常高的相关度，验证了由地形数据反演重力梯度数据的可行性。

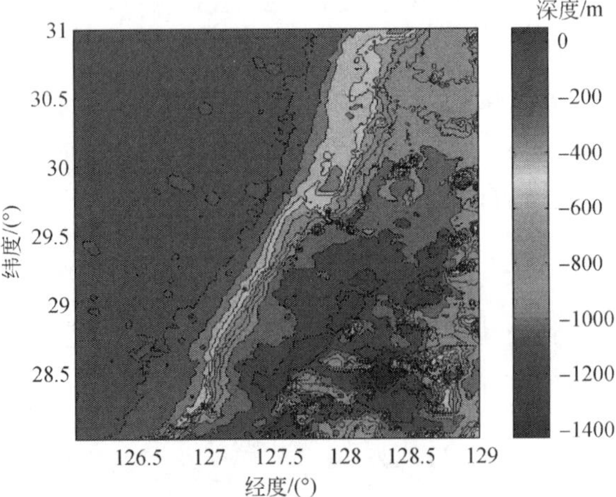

图 4.15　计算区域的等值线图

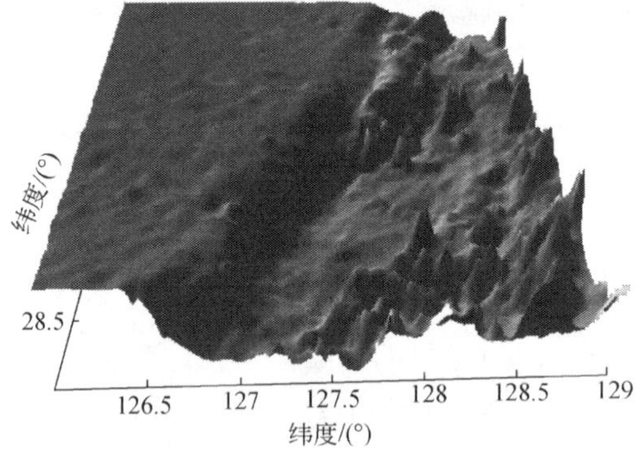

图 4.16　计算区域的三维图

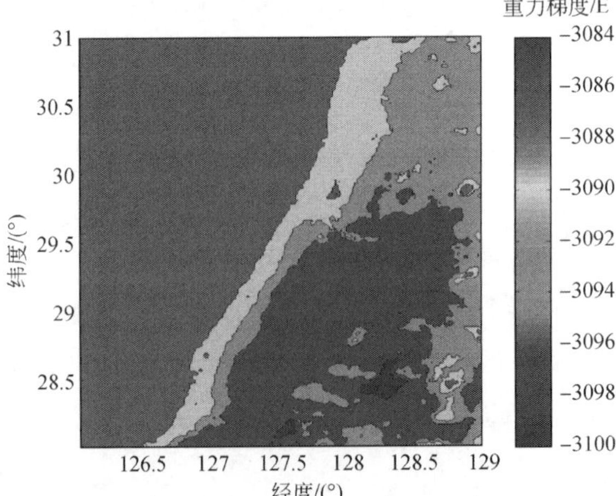

图 4.17　正常重力垂直梯度等值线图

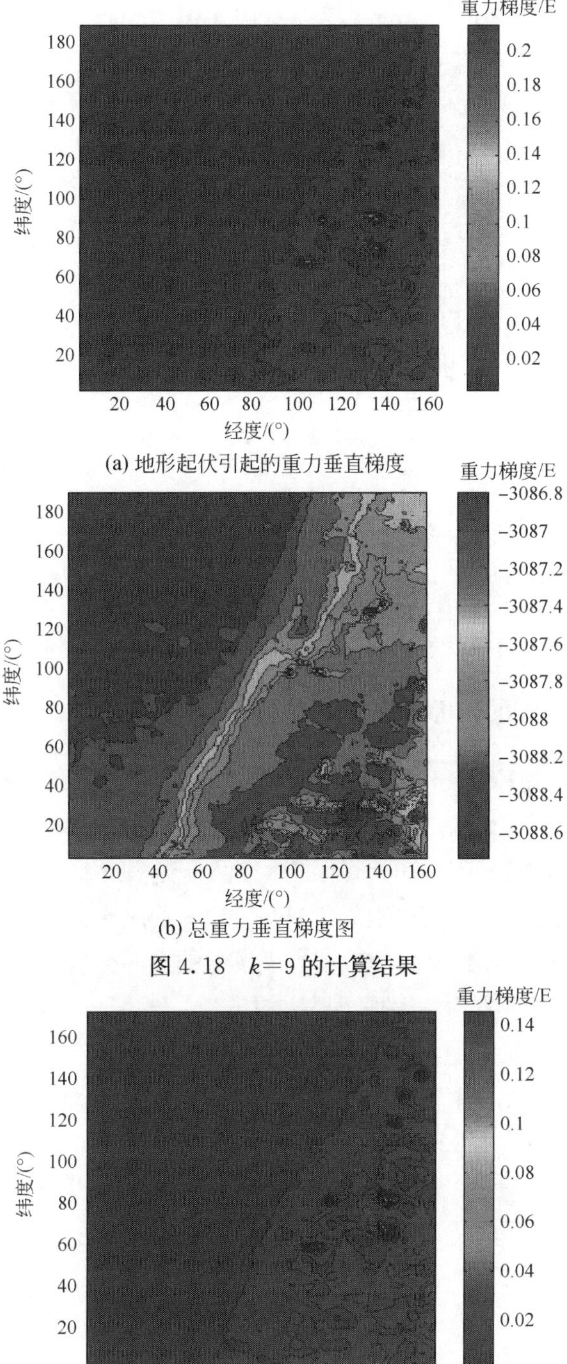

(a) 地形起伏引起的重力垂直梯度

(b) 总重力垂直梯度图

图 4.18　$k=9$ 的计算结果

(a) 地形起伏引起的重力垂直梯度

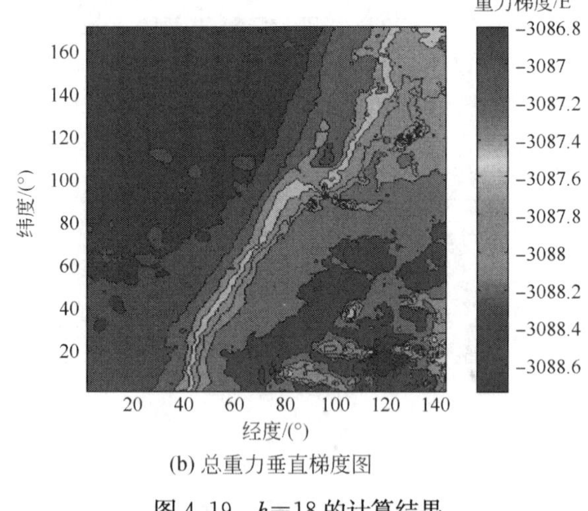

(b) 总重力垂直梯度图

图 4.19　$k=18$ 的计算结果

4.6　由地球重力场模型计算重力梯度

4.6.1　基于 EGM96 的分析

地球重力场模型 EGM96(Earth Gravity Model-96)作为参考模型，在 EGM2008 公布之前是目前世界上较新、分辨率较高、完整到 360 阶次的模型，在国际上得到了广泛应用。EGM96 提供 360 阶的球谐系数，空间分辨率精细到 55km，为计算全球及中国内地重力场模型提供了高精度资料；EGM2008 的阶次完全至 2159(另外球谐系数的阶数扩展至 2190，次数为 2159)，相当于模型的空间分辨率约为 9km，因此无论在精度方面还是分辨率方面均取得了巨大的进步。EGM96 是利用最新的卫星跟踪数据、卫星测高数据、航空重力数据和地面重力信息综合确定得到的，值得注意的是，这个模型使用的数据文件中包含我国实测的 $30' \times 30'$ 平均重力异常值。EGM96 采用的参考椭球参数如表 4.8 所示[68~72]。

表 4.8　EGM96 的模型参数

赤道半径	$a=6378136.3\text{m}$
万有引力常数	$G_M=3986004.415\times10^8\text{m}^3/\text{s}^2$
扁率	$1/f=298.257$
地球自转角速度	$\omega=792115\times10^{-11}\text{rad/s}$

人类生存在地球重力场空间中，由于重力的作用地球上才有众多壮丽的奇观，由于重力的作用人们才不至于被地球的离心力甩到太空中去，由于重力场的作用才有“水向低处流”的说法，地球重力场与人类的生活息息相关，但有些时候缺乏对其感性的认识，在某种意义上，地球重力场的研究是现今最重要的课题，从微观到宏观，任何物体只要在地球及周边空间都会受地球和其他天体的引力及离心加速度的影响。地球重力场理论的研究是大地测量学、物理大地测量学乃至天文学领域内一个重要的理论方向。同时重力场理论在现实生活中具有重要的作用，人类每时每刻都在它的作用下生活，而有时又要克服其不利因素变害为利地将其加以应用。

重力场理论是大地测量学中的一个重要方向，对重力场的研究具有重要的理论意义和实用价值，在此对这方面的理论进行简单介绍。在宇宙中的任意两个质点之间都存在互相吸引的力，其大小与其质量的乘积成正比，与其距离的平方成反比，牛顿定律给出了计算该引力 F 的计算公式：

$$F = G\frac{mm'}{r^2} \tag{4.52}$$

式中，G 为万有引力常数，其数值为 $(6.673 \pm 0.003) \times 10^{-8}$，$\mathrm{m^3/(kg \cdot s^2)}$，该量与质点的质量和距离都无关。

同时由于地球在做自转运动，因此地球上的物体都受离心力的作用，该离心力总是垂直于旋转轴，方向背离旋转轴，其大小可由式(4.53)计算：

$$P = \omega^2 \rho \tag{4.53}$$

式中，ω 为地球自转角速度，其值为 7.292115×10^{-5}，rad/s；ρ 为被吸引点到旋转轴的垂直距离。

地球的重力即为单位质点所受到的地球引力和离心力的合力，若用 g 表示重力，则用矢量表示的 $\boldsymbol{g}$ 为

$$\boldsymbol{g} = \boldsymbol{F} + \boldsymbol{P} \tag{4.54}$$

其单位与重力加速度的单位相同，均为 $\mathrm{cm/s^2}$，简写为 Gal。

由重力位理论可知，重力位是引力位和离心力位之和，用位理论表示式(4.54)，则有

$$W = G\int_M \frac{\mathrm{d}m}{r} + \frac{\omega^2}{2}(x^2 + y^2) \tag{4.55}$$

式(4.55)在使用时需将积分扩展至整个地球，且地球的自转轴与坐标系的 z 轴一致。为了深入地认识地球引力位，同时也是为了使用方便，人们通常将以上积分式

展开为级数，由于引力位是重力位中的主要部分，因此研究中习惯上只对引力位感兴趣，略去推导直接给出引力位球谐级数的表达式：

$$V=\frac{GM}{r}\left[1+\sum_{n=2}^{n_{\max}}\sum_{m=0}^{n}\left(\frac{R}{r}\right)^{n}\bar{P}_{nm}(\sin\varphi)(\bar{C}_{nm}\cos m\lambda+\bar{S}_{nm}\sin m\lambda)\right] \quad (4.56)$$

在大地测量学中为了研究的方便引入了正常重力场的概念，即假想存在一个形状和质量分布都很规则的匀速旋转椭球所产生的重力场，该物体称为正常地球，正常重力场中的等位面称为正常水准面。因为正常地球的形状和质量参数已知，所以可以方便地计算正常重力位，在精度要求不高的情况下可以用正常重力近似代替实际重力场。在这样的假设下，正常重力场与实际重力场之间就有一个差值，称为扰动重力场，即地球重力位 W 与正常重力位 U 之间存在一个差值，称为扰动位，用 T 表示，即

$$T=W-U \quad (4.57)$$

这样由式(4.56)就可得到扰动位的球谐级数展开式：

$$T=\frac{GM}{r}\sum_{n=2}^{n_{\max}}\sum_{m=0}^{n}\left(\frac{R}{r}\right)^{n}(\bar{C}_{nm}^{*}\cos m\lambda+\bar{S}_{nm}^{*}\sin m\lambda)\bar{P}_{nm}(\sin\varphi) \quad (4.58)$$

式中，GM 为引力常数与地球质量的乘积；R 为地球赤道的平均半径；r,φ,λ 为空间点的球坐标；$\bar{P}_{nm}(\sin\varphi)$ 为完全正常化的 Legendre 多项式；$n_{\max}$ 为级数式的最高阶数；$\bar{C}_{nm}^{*}$ 和 $\bar{S}_{nm}^{*}$ 为完全正常化的地球扰动场位系数。所有的位系数都与地球的内部质量分布有关，其位系数一旦确定，就唯一地确定了地球重力场。由扰动位在球面上满足 $\frac{\partial T}{\partial \rho}+\frac{2}{R}T=-\Delta g$ 的边值条件就可得到重力异常的球谐级数展开式：

$$\Delta g=\bar{\gamma}\sum_{n=2}^{n_{\max}}\sum_{m=0}^{n}(n-1)(\bar{C}_{nm}^{*}\cos m\lambda+\bar{S}_{nm}^{*}\sin m\lambda)\bar{P}_{nm}(\sin\varphi) \quad (4.59)$$

式中，$\bar{\gamma}$ 为平均重力值，一般取值为 979764.32222mGal。

从以上分析可以看出，重力异常可以通过球谐位系数求和的方式求得，这其中至关重要的是各个位系数的确定。该式一般不用于求取某一点的重力异常，而是用于推求格网的平均异常值，其所能得到的格网平均边长的大小取决于恢复 $n_{\max}$ 所能达到的值，$n_{\max}$ 的值越大，格网越小，则描述的地面分辨率越详细。作为重力场恢复研究的一个重要任务就是用不同的方法确定该系列位系数。

地球重力场是地球的基本物理场之一，它与人类的生活息息相关，重力场及其时变特性反映了地球表层及内部的密度分布和物质运动状态，它决定了大地水准

面的起伏和变化，同时地球重力场在地球物理、地震、地下资源勘探、海洋、空间技术、军事应用和环境科学等学科和领域中也有着重要的作用。举个简单的例子，对于地质部门资源勘探，地下深部的资源信息无法用视觉感性地获取，而用钻探的方法成本又太高，所幸的是，人类具备了重力场方面的知识，利用测量区域内的重力异常加上相应的地质构造方面的理论就可以分析地下深处是否有所期望的资源；又如，对于军事应用，导弹发射首区的重力场资料要非常全面，由重力场资料可以得到垂线偏差等信息，这是导弹发射后能否准确命中目标的一个决定性因素，这些都依赖于人类对重力场理论的掌握和应用的能力[73～76]。

目前人们对重力场研究的最终成果形式为展开到一定阶次的重力场模型位系数，并且达到的阶数越高其反映的精度就越高，对地面描述的分辨率就越高。这里略去推导直接给出大地水准面和垂直方向上的重力梯度球谐位系数的表达式：

$$N = R\sum_{n=2}^{n_{\max}}\sum_{m=0}^{n}\left(\frac{R}{r}\right)^{n}(\bar{C}_{nm}^{*}\cos m\lambda + \bar{S}_{nm}^{*}\sin m\lambda)\bar{P}_{nm}(\sin\varphi) \tag{4.60}$$

$$T_z = \frac{\bar{\gamma}}{R^3}\sum_{n=2}^{n_{\max}}\sum_{m=0}^{n}(n+1)(n+2)\left(\frac{R}{r}\right)^{n+3}(\bar{C}_{nm}^{*}\cos m\lambda + \bar{S}_{nm}^{*}\sin m\lambda)\bar{P}_{nm}(\sin\varphi) \tag{4.61}$$

利用式(4.59)～式(4.61)可以计算出相应的重力异常、大地水准面、重力梯度的全球分布的格网点位值。其中，$\bar{C}_{nm}^{*}$，$\bar{S}_{nm}^{*}$ 系数由 WGS-84 坐标系使用的是 EGM96 展开到 18 阶次的地球位函数模型的系数，在此仅列举前几项(表 4.9)，由于在计算中只关心异常部分，因此减去了其正常部分，仅取其异常部分，具体的做法是在利用式(4.59)～式(4.61)计算时将下标从 2 到 10 的偶次带谐系数项中减去 WGS-84 EGM96 的正常位系数部分，即表 4.10 中所列的项，如式(4.62)所示：

$$\bar{C}_{n,0} = \bar{C}_{n,0(\text{动力学})} - \bar{C}_{n,0(\text{几何})} \tag{4.62}$$

Legendre 系数利用以下的递推公式得到：

$$\bar{P}_{00} = 1,\ \bar{P}_{10}(\sin\varphi) = \sqrt{3}\sin\varphi,\ \bar{P}_{11}(\sin\varphi) = \sqrt{3}\cos\varphi \tag{4.63}$$

$$\begin{aligned}\bar{P}_{n,m}(\sin\varphi) = &\sqrt{\frac{4n^2-1}{n^2-m^2}}\sin\varphi\bar{P}_{n-1,m}(\sin\varphi)\\ &-\sqrt{\frac{(2n+1)[(n-1)^2-m^2]}{(2n-3)(n^2-m^2)}}\bar{P}_{n-2,m}(\sin\varphi),\ n\neq m\end{aligned} \tag{4.64}$$

$$\bar{P}_{n,n}(\sin\varphi) = \sqrt{\frac{2n+1}{2n}}\cos\varphi\bar{P}_{n-1,n-1}(\sin\varphi) \tag{4.65}$$

$$\bar{P}_{n+1,n}(\sin\varphi)=\sqrt{2n+3}\sin\varphi\bar{P}_{n,n}(\sin\varphi) \tag{4.66}$$

为了求取特定阶次的 Legendre 系数，只需将所求点的经纬度值代入以上公式，先由式(4.63)计算出初值，然后利用递推公式就可以得到特定阶次的 Legendre 系数。

表 4.9　EGM96 的地球重力场位系数

阶数和次数		完全正常化的引力位系数	
n	m	$\bar{C}_{nm}$	$\bar{S}_{nm}$
2	0	$-0.484165371736\times10^{-3}$	0
2	1	$-0.186987635955\times10^{-9}$	$0.119528012031\times10^{-8}$
2	2	$0.243914352398\times10^{-5}$	$-0.140016683654\times10^{-5}$
3	0	$0.957254173792\times10^{-6}$	0
3	1	$0.2026998882184\times10^{-5}$	$0.248513158716\times10^{-6}$
3	2	$0.904627768605\times10^{-6}$	$-0.619025944205\times10^{-6}$
3	3	$0.7201072657057\times10^{-6}$	$0.14135625958\times10^{-5}$
4	0	$0.539873863789\times10^{-6}$	0
4	1	$-0.536321616971\times10^{-6}$	$0.473440265853\times10^{-6}$
4	2	$0.350694105785\times10^{-6}$	$0.662671572540\times10^{-6}$
4	3	$0.990771803829\times10^{-6}$	$-0.200928369177\times10^{-6}$
4	4	$-0.188560802735\times10^{-6}$	$0.308853169333\times10^{-6}$

表 4.10　EGM96 的正常重力场位系数

$\bar{C}_{2,0}$	$-0.484166774985\times10^{-3}$
$\bar{C}_{4,0}$	$0.790303733511\times10^{-6}$
$\bar{C}_{6,0}$	$-0.168724961151\times10^{-8}$
$\bar{C}_{8,0}$	$0.346052468394\times10^{-11}$
$\bar{C}_{10,0}$	$-0.265002225767\times10^{-14}$

至此，式(4.59)～式(4.61)中的各未知量有的已经可以查表得到，有的可以通过计算得到，将这些量代入公式就可以计算相应的重力异常、大地水准面、垂直方向上重力梯度的值，为了直观地表达处理后获取的数据情况，利用 MATLAB 将其结果以等值线的形式绘出，见图 4.20～图 4.22[77]。

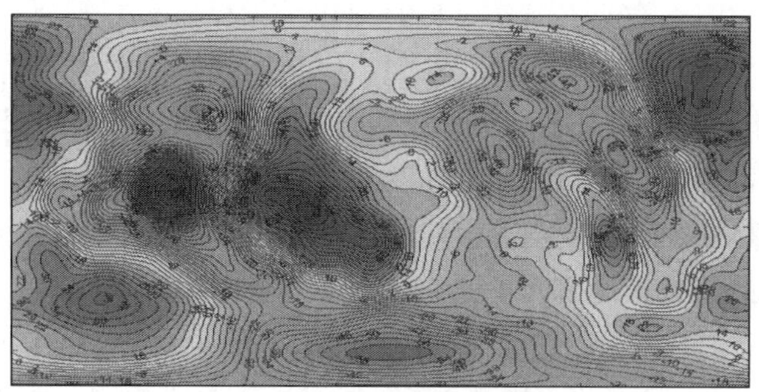

图 4.20　大地水准面等值线图(等值线单位:m)

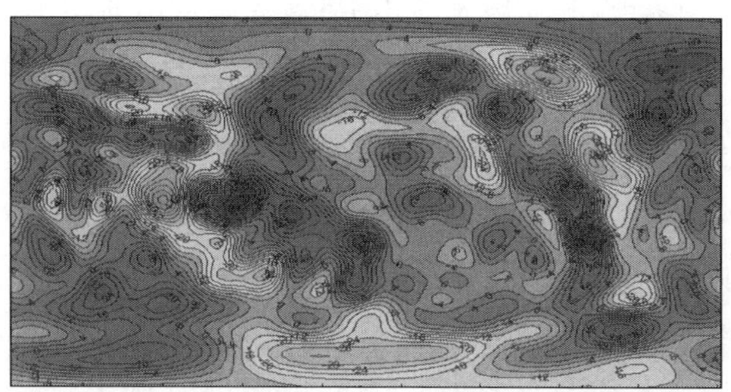

图 4.21　重力异常等值线图(等值线单位:mGal)

图 4.22　重力梯度等值线图(等值线单位:E)

由图4.20～图4.22可以看出，利用相同的球谐位系数得到的重力梯度等值线图反映的信息要比大地水准面等值线、重力异常等值线图丰富得多；同样，重力异常等值线图反映的信息要比大地水准面等值线图多。重力梯度的变化与重力异常的变化在总体上具有相似的趋势，而梯度等值线图可以更详细地反映信号变化，在应用上具有更大的优势，因为只有变化趋势多样化才可以提取出多个特征点，才有利于不同点位的对比。例如，目前研究中的利用重力场信息为潜艇辅助导航服务的匹配导航技术有两种模式，一种是利用重力场，而另一种是利用重力梯度，或者是两者的组合。利用该技术时期望所在区域的重力场具有多变性，这样才利于匹配算法的实现，从而可以判断出所处位置的变化并实现导航的目的。该技术工程化应用后将是重力场理论在实际应用中的典范，它将开辟重力场理论应用于实践的新领域。

4.6.2 基于EGM2008的分析

地球重力场模型是当今物理大地测量学最为活跃的研究领域之一。随着卫星测高、卫星重力、航空重力测量等现代重力场探测技术的不断发展和应用，地球重力场信息的精度和分辨率出现了质的飞跃，为建立超高阶地球重力场模型提供了条件[78]。2008年4月，美国国家地理空间情报局在充分利用最新数据的基础上研制并发布了新一代地球重力场模型——EGM2008(阶次分别为2190和2159)[79]。该模型的球谐展开阶数达到2159，并且还提供扩展到2190阶的扩展参数，此模型的目的是希望在WGS-84坐标系下解算地球水准面的起伏[80]。

其相关参数为

$$a = 6378137.00\text{m}\ (\text{WGS-84 地球半径})$$

$$GM = 3.986004418 \times 10^{14}\ \text{m}^3/\text{s}^2$$

$$\omega = 7292115 \times 10^{-11}\ \text{rad/s}(\text{地球角速度})$$

$$f = 1/298.257223563\ (\text{椭球扁率})$$

EGM2008采用的基本格网分辨率为$5' \times 5'$，数据来源主要为地面重力、卫星测高、卫星重力等，地面数据覆盖率达83.8%，部分重力数据空白区主要集中在南极，利用卫星重力数据补充。EGM2008在计算时采用ITG-GRACE03S模型作为先验误差协方差矩阵，将GRACE数据作为计算EGM2008地球重力场低阶位系数的主要数据源。EGM2008研制周期长达4年之久，研制期间，曾委托许多国家和地区对过渡模型进行了测试与评估，从而使其不断趋于完善。由表4.11的GPS水准点外部检测结果表明，EGM2008 具有很高的精度。由该模型可进行地球物理多项参数的推算，图 4.23 所示为推算得到的空间重力异常插值线图。

表 4.11　EGM2008 模型 GPS 水准外部检核结果

地域	GPS 水准点个数	标准差/cm
全球	12353	13
美国大陆	4201	7.1
澳大利亚	534	26.6

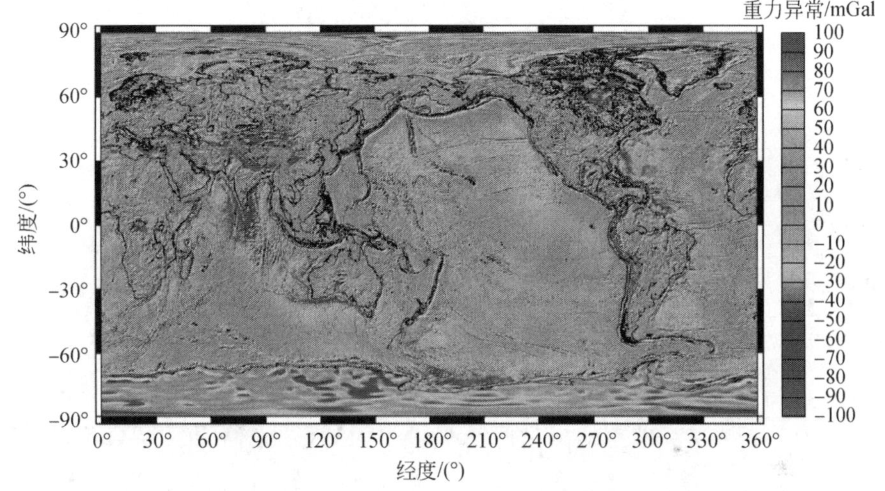

图 4.23　由 EGM2008 获取的自由空间重力异常

4.7　重力梯度改正

在当前研究的热点问题水下重力/重力梯度匹配辅助惯性导航系统中，运用该技术的载体是在一定深度的水下进行，此时重力/重力梯度传感器获取的是一定潜深处的地球物理场信息，而匹配计算机中存储的重力/重力梯度背景场信息一般是预先由卫星测高数据、卫星重力测量数据、船载重力测量数据等多种数据源联合处理得到的，其数据平面是基于平均海水面的[81~83]，因此在运用重力/重力梯度匹配导航的过程中，需要将两者统一到一个平面。

鉴于潜艇运行状态具有一定的机动性，其运行深度是变化的，而且由于海洋环境中温盐的变化、海流的影响等因素导致潜艇的航行深度具有一定的随机性，因此一般的做法是将载体所处的测量值换算到平均海平面上，如图 4.24 所示，同时目前潜艇上一般都配备测深(相对于海面)测潜(相对于海底)装备,可以即时反映载体的深度变化,因此具备将实测重力场信息向平均海平面转换的基础条件。

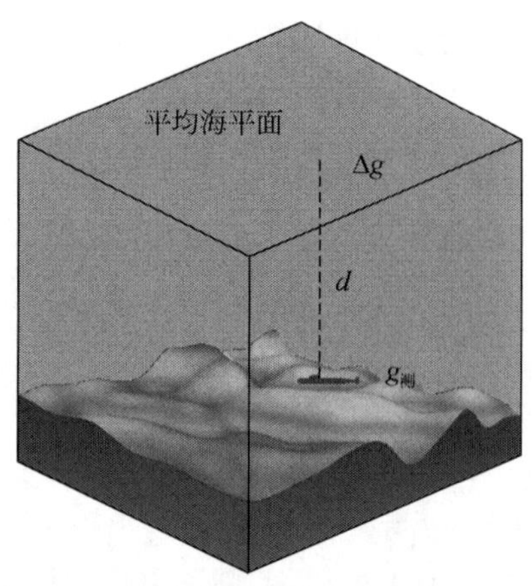

图 4.24　重力归算示意图

设归算至海平面的重力异常为 $g_{归}$,略去推导给出以下归算的基本公式[84]:

$$g_{归}=g_{测}-\gamma-\frac{\partial g}{\partial h}d+4\pi G\rho d \tag{4.67}$$

式中,$g_{测}$ 为海底测量点的重力测量值,mGal;γ 为测点处正常重力值,mGal;$\frac{\partial g}{\partial h}$ 为重力垂直梯度,E;G 为万有引力常数,$m^3/(kg \cdot s^2)$;d 为测点水深,m;ρ 为海水密度,kg/m^3。

分析式(4.67)可以看出,γ,G,ρ,d,$g_{测}$ 等参数均为常值或观测值,在计算时可以直接代入计算;而 $\partial g/\partial h$ 为重力垂直梯度,对于重力归算中其是关键所在,为此本书讨论其计算过程。重力垂直梯度由两部分组成,即正常重力垂直梯度和扰动重力垂直梯度,略去推导给出其表达式:

$$\frac{\partial g}{\partial h}=\frac{\partial \gamma}{\partial h}+\frac{\partial \delta g}{\partial h} \tag{4.68}$$

式(4.68)中的正常重力垂直梯度 $\partial\gamma/\partial h$ 可以直接通过式(4.69)来计算:

$$\frac{\partial \gamma}{\partial h}=-2\gamma J-2\omega^2 \tag{4.69}$$

式中,J 为水准面的平均曲率,可由式(4.70)得到:

$$J=\frac{1}{2}\left(\frac{1}{M}+\frac{1}{N}\right) \tag{4.70}$$

式中，M 和 N 分别为椭球面的子午圈曲率半径和卯酉圈曲率半径，用地球参考椭球参数表示为

$$M=\frac{a(1-e^2)}{\sqrt{(1-e^2\sin\varphi^2)^3}},N=\frac{a}{\sqrt{1-e^2\sin\varphi^2}} \tag{4.71}$$

式中，e 为参考椭球第一偏心率；a 为参考椭球的长半轴；φ 为地心纬度。这时由特定的参考椭球就可以利用式(4.69)计算正常重力垂直梯度。

扰动重力垂直梯度可以通过重力场模型来计算获取，正如 4.6.1 节所述，针对以下的扰动位函数：

$$T=\frac{GM}{r}\sum_{n=2}^{n_{\max}}\sum_{m=0}^{n}\left(\frac{R}{r}\right)^n(\bar{C}_{nm}^*\cos m\lambda+\bar{S}_{nm}^*\sin m\lambda)\bar{P}_{nm}(\sin\varphi) \tag{4.72}$$

对其进行垂直方向求二次导数，可得扰动重力垂直梯度的位函数表示形式为

$$T_{zz}=\frac{GM}{R^3}\sum_{n=2}^{n_{\max}}\sum_{m=0}^{n}(n+1)(n+2)\left(\frac{R}{r}\right)^{n+3}(\bar{C}_{nm}^*\cos m\lambda+\bar{S}_{nm}^*\sin m\lambda)\bar{P}_{nm}(\sin\varphi) \tag{4.73}$$

由式(4.73)即可计算扰动重力垂直梯度，其计算结果代入式(4.68)可以计算得到重力垂直梯度，再将其代入式(4.67)，至此可以计算由一定深度处的重力观测值向平均海平面的归算。

但是利用式(4.73)存在一定的局限性，即重力场模型的精度决定扰动重力垂直梯度计算的精度，即使是目前最新的 EGM2008 也只能提供 $5'\times5'$ 分辨率的数据，因此对一些高精度的应用需求该方法是不能满足的。为此，可以考虑利用实测的数据来计算，即利用重力异常与扰动重力之间的近似关系来实现[85]：

$$\delta g=\Delta g+\frac{\partial\gamma}{\partial h}\zeta \tag{4.74}$$

式中，ζ 为高程异常，m。

对式(4.74)求垂直方向的导数得

$$\frac{\partial\delta g}{\partial h}=\frac{\partial\Delta g}{\partial h}+\frac{\partial^2\gamma}{\partial h^2}\zeta+\frac{\partial\gamma}{\partial h}\frac{\delta g}{\gamma} \tag{4.75}$$

式中，由于海面上高程异常 ζ 的值很小，而 $\frac{\partial^2\gamma}{\partial h^2}$ 的量级在 10^{-7}，因此 $\frac{\partial^2\gamma}{\partial h^2}\zeta$ 项的量级很小，可以忽略，则式(4.74)可以简化为

$$\frac{\partial\delta g}{\partial h}=\frac{\partial\Delta g}{\partial h}+\frac{\partial\gamma}{\partial h}\frac{\delta g}{\gamma} \tag{4.76}$$

由实测数据可以进行扰动重力垂直梯度的计算，从而实现重力归算的计算。

4.8 本章小结

本章详细地研究了重力梯度反演中的相关问题，分析了利用重力异常数据、垂线偏差数据、地形数据和重力场模型来反演得到当前缺乏的重力梯度数据。在利用重力异常数据进行重力梯度反演中，分析了利用平面积分、球面积分和梯形积分三种方式的计算方法，由于这几种方法中都存在奇异的问题，为此重点研究了利用非奇异变换来解决这一问题的方法，导出了考虑中央区效应的精密计算公式。在研究利用地形数据反演重力梯度时，研究了引起空间一点重力梯度的成因，计算分析了地形因素的影响，并利用区域数据进行了反演分析，从中可以看出重力梯度与地形有很高的相关度，因此在当前缺乏重力梯度数据的情况下，可以利用积累的其他数据来反演得到，提供科学研究的相关应用。探讨了由一定深度处的重力观测值向海平面归算中涉及的重力梯度归算问题，主要研究了扰动重力垂直梯度的计算过程。

第 5 章　重力梯度仪外部补偿惯性导航系统

5.1 引　　言

随着现代工业技术水平的不断提高，以及计算机技术的广泛使用，以陀螺为惯性元件的惯性导航系统的精度得到了不断提高，惯性导航系统的整体精度得到逐步提高，在此情况下传统正常重力公式已难以满足惯性导航系统高精度计算的需求，实际重力与正常重力之差的扰动重力已成为惯性导航系统的重要误差源。因此，对高精度惯性导航系统的应用有必要进行补偿，而利用外部仪器测量得到实际的重力场进行补偿是一种行之有效的方法。本章在分析惯性导航测量数学模型的基础上提出利用重力梯度仪外部补偿惯性导航系统的研究，以此延长潜艇水下航行时惯性导航系统的重调周期，提升潜艇的水下隐蔽作战能力[86]。

5.2 惯性导航系统

惯性导航系统是现代高精尖技术的产物，它涉及控制技术、计算机技术、测试技术、精密机械工艺等多门应用技术学科，其基本原理是牛顿运动定律，即根据测得的载体运动加速度及载体的初始速度和初始位置推算载体的瞬时速度和瞬时位置[87]，如图 5.1 所示。惯性导航系统求得导航参数无需依赖任何外界信息，而只依靠陀螺仪与加速度计两种惯性仪表，是一种自主式的导航系统。这种系统隐蔽性好，且不受外界电磁干扰的影响，数据更新率高，短期精度和稳定性好，可以全天候、全球、全时间地工作于空中、地球表面乃至水下，方便地提供运动载体位置、速度和三维姿态等导航信息参数。惯性导航系统由于具有上述一系列优点而受到海陆空军、航天和交通运输等部门的青睐与重视，从而得到广泛应用[88,89]。

惯性导航系统的种类有很多，通常是根据有无平台体将系统分为两大类型：平台式惯性导航系统和捷联式惯性导航系统。平台式惯性导航系统在工作系统内有一个三轴惯性稳定平台，用来模拟所选定的导航坐标系，为加速度计提供精确的安

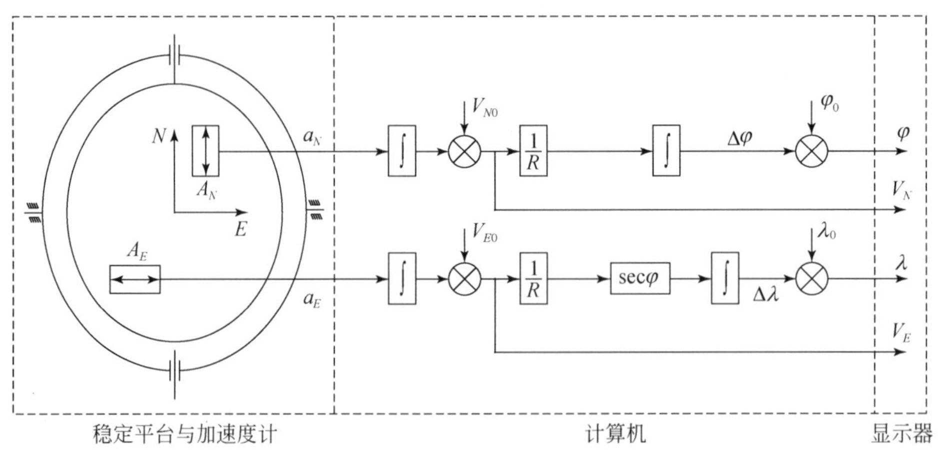

图 5.1　简化的惯性导航原理图

装基准,使三个加速度计的测量轴始终沿导航坐标系的三根轴定向,以测得导航计算所需的运载体沿导航坐标系三轴的加速度。捷联式惯性导航系统没有平台,而是将陀螺仪和加速度计直接安装在运载体上,用数字平台代替实际平台,即通过导航计算机的数字变换来实现平台的功能[90]。无论是哪种类型的惯性导航系统,其基本惯性元件都包括陀螺仪和加速度计(当前有研究利用多个加速度计组合代替陀螺仪的无陀螺惯性导航系统,但其表现形式仍然是陀螺仪和加速度计的组合[91,92])。

图 5.1 所示的简化惯性导航系统的基本工作原理是:假设地球不动且为圆形球体,并假设在运载体内装有一个三轴稳定平台,三轴分别稳定在地理坐标系的三轴上,即指向东、北及天顶。在这个陀螺稳定平台上分别装有沿东向和北向两只加速度计 A_N 和 A_E ,用来测量运载体东西方向及南北方向的加速度[93]。

如果已知舰船的初始位置 $P_0(\lambda_0,\varphi_0)$ 、舰船的初始北向速度 v_{N0} 和东向速度 v_{E0} ,同时能够测出舰船的北向、东向加速度,经过一次积分运算可分别得到舰船的北向速度 v_N 和东向速度 v_E ,若再进行一次积分运算又可分别计算出舰船现在位置的经纬度 $P(\lambda,\varphi)$,可用公式为

$$\begin{cases} v_E = \int_0^t a_E \mathrm{d}t + v_{E0} \\ v_N = \int_0^t a_N \mathrm{d}t + v_{N0} \end{cases} \tag{5.1}$$

将速度 v_N 和 v_E 再积分一次,得到运载体的位置变化量,与初始 λ_0 和 φ_0 相加,得到

运载体所在地理位置的经纬度值。

$$\begin{cases}\lambda(t)=\dfrac{1}{R}\displaystyle\int_0^t v_E\,\dfrac{1}{\cos\varphi}\mathrm{d}t+\lambda_0\\ \varphi(t)=\dfrac{1}{R}\displaystyle\int_0^t v_N\mathrm{d}t+\varphi_0\end{cases}\tag{5.2}$$

计算出的速度 v_N 和 v_E 按 $v=\sqrt{v_N^2+v_E^2}$ 进行合成计算，得到运载体的运动速度，输出给显示器，用于引导运载体航行。

5.3　地球重力场对惯性导航系统的影响

为了理解地球重力场影响惯性导航系统的机理，本节研究由正常重力公式计算得到的正常重力对惯性导航影响的方式、扰动重力的定义、扰动重力对惯性导航系统的影响等内容，在此基础上研究利用重力梯度仪外部补偿惯性导航系统的原理、方法及相应的数学模型。

5.3.1　重力差异对定位的误差分析

早期惯性导航系统中采用的正常重力场是由一个假想的形状和质量分布都很规则、易于计算的旋转椭球体所产生的重力场。由于该假设的旋转椭球体是一个几何球体，它与真实地球表面有较大的差异，因此用其计算值代入导航系统中计算必然引起一定的误差，为此本节分析由于正常重力与实际重力之差而导致的定位误差的大小。这里略去推导过程直接给出以 1975 年 IUGG 推荐的地球椭球常数确定的我国 1980 年国家大地坐标系中常用的正常重力公式[94]：

$$\gamma_0=\gamma_a(1+\beta\sin^2 B-\beta_1\sin^2 2B)\tag{5.3}$$

式中，γ_0 为大地纬度 B 处的正常重力值，mGal；B 为大地纬度，(°)；γ_a 为赤道处的正常重力值，取值为 978032mGal；β 和 β_1 为系数，取值分别为 0.005302 和 0.0000059。

由式(5.3)不难看出，大地纬度 B 与正常重力值 γ_0 之间存在确定的对应关系，为了直观地表示这一关系，本书绘制了如图 5.2 所示的北半球重力随纬度变化的曲线图。

由式(5.3)可以看出，大地纬度 B 与正常重力值 γ_0 之间存在着确定的对应关系，即由给定的纬度值可以计算该点处的正常重力(图 5.2)，反之由正常重力值可以反算该点处的纬度值，但是由于实际重力与正常重力之间存在差异，因此导致计算得到的纬度存在一定的偏差，本节计算分析该偏差的大小。

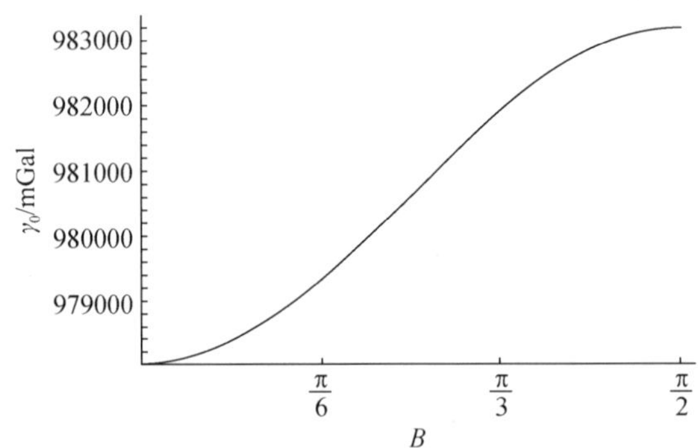

图 5.2　重力值随纬度变化的情况(北半球)

首先由式(5.3)可得

$$\gamma_0 = \gamma_a + \gamma_a\beta \sin^2 B - \gamma_a\beta_1 \sin^2 2B \tag{5.4}$$

将式(5.4)中的 γ_0 当做函数 B 的变量对其求导数得

$$1 = \gamma_a\beta\sin 2B \frac{\mathrm{d}B}{\mathrm{d}\gamma_0} - \gamma_a\beta_1 \sin 4B \frac{\mathrm{d}B}{\mathrm{d}\gamma_0} \tag{5.5}$$

变形并整理可得

$$\frac{\mathrm{d}B}{\mathrm{d}\gamma_0} = \frac{1}{\gamma_a\beta\sin 2B - \gamma_a\beta_1 \sin 4B} \tag{5.6}$$

式(5.6)可以理解为由正常重力与实际重力之差的中误差 m_{γ_0} 可以得到纬度解算的中误差 m_B ,假设 B 取 25°, m_{γ_0} 取 1mGal,则在 Mathematica 中编程计算得到纬度确定的中误差 m_B 为

$$\begin{aligned} m_B &= \frac{206265 \times 31 m_{\gamma_0}}{\gamma_a\beta\sin[2\times 25\times \pi/180] - \gamma_a\beta_1 \sin[4\times 25\times \pi/180]} \\ &= 1626.5\mathrm{m} \end{aligned} \tag{5.7}$$

从上述计算可以看出,从重力值 1mGal 的中误差可以得到解算纬度的中误差为 1626.5m,即由于采用正常重力导致其与实际重力之差为 1mGal 时,得到的纬度计算误差达到 1626.5m,该偏差的量级对于导航应用是难以接受的。

5.3.2　正常重力对惯性导航系统的影响

在惯性导航系统中,使用加速度计测量载体位置的比力矢量,比力矢量是测量点绝对加速度 $\bar{a}$ 与引力加速度矢量 $\bar{g}$ 之差:

$$\bar{f} = \bar{a} - \bar{g} \tag{5.8}$$

从测得的比力中补偿掉引力加速度，就可得到载体的绝对加速度，再根据绝对加速度和相对加速度的关系，惯导系统可进一步求得载体的相对速度、位置，在地球附近，引力加速度的主要成分是重力加速度。

惯导解算时，早期是基于地球参考椭球，用正常重力公式计算重力矢量。由于地球形状不规则、内部质量不均匀，因此地球参考椭球和大地水准面不完全吻合，重力矢量和用正常重力公式的计算值有偏差，这种偏差就是重力异常，其表现在数值异常和垂线偏差两个方面。垂线偏差即重力加速度矢量和当地参考椭球的法线之间的方向偏差，垂线偏差一般在 10″ 左右，个别地区可达 30″。很明显用正常重力公式计算的正常重力与实际重力存在较大的差异[95,96]。

20 世纪 70 年代以来，随着微电子技术和精密仪器制造技术水平的提高，欧美发达国家注意到重力场变化是影响高精度惯性导航系统精度的重要原因，开始研究用地球重力场信息来限制航空用捷联式惯性导航系统误差[97,98]。许多学者针对几种重力模型对惯性导航系统扰动重力误差的影响进行了比较，研究了地球扰动重力场模型对惯性导航的影响[99～101]。董绪荣等利用扰动位统计模型按纯惯性导航系统进行了仿真，分别采用 36 阶、180 阶、360 阶三种重力场模型对纯惯性导航系统进行了仿真计算，模拟了 84min 的飞行轨迹，图 5.3～图 5.5 分别是利用这三种重力扰动位模型进行仿真计算的结果[102]。

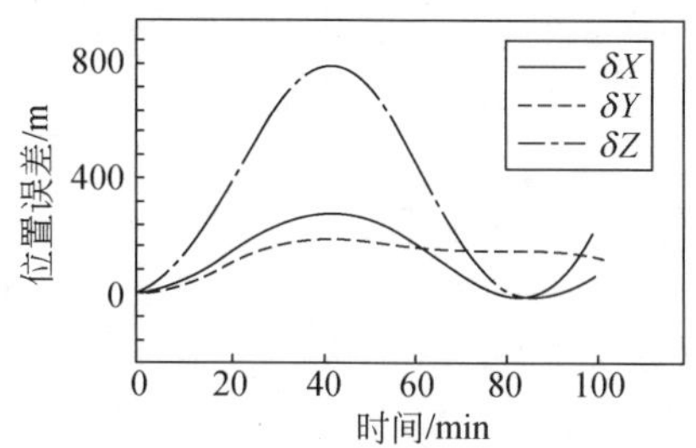

图 5.3　扰动重力引起的位置误差(36 阶)

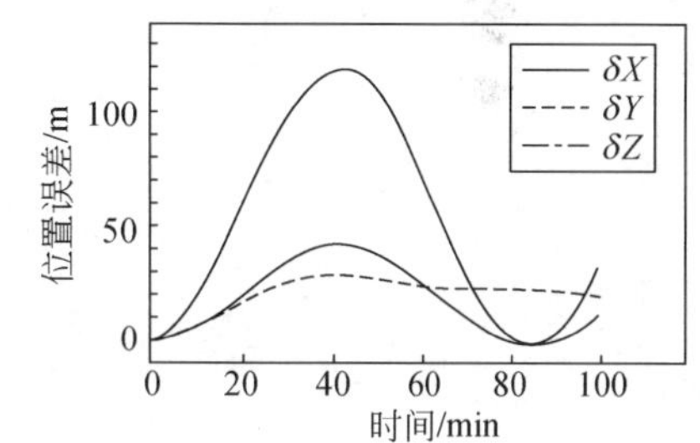

图 5.4　扰动重力引起的位置误差(180 阶)

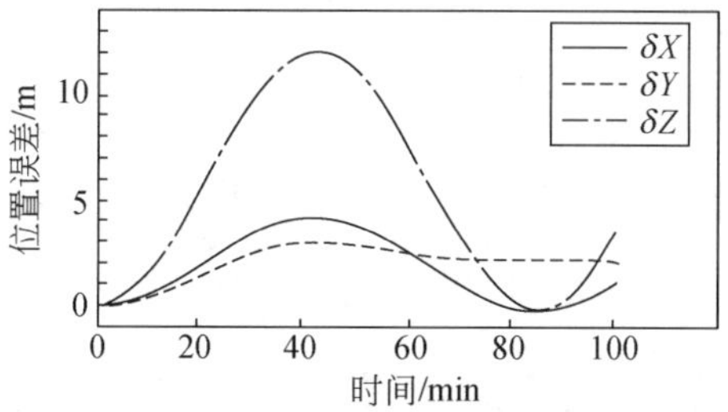

图 5.5　扰动重力引起的位置误差(360 阶)

由图 5.3～图 5.5 可以看出，采用 36 阶低频重力场模型时，扰动重力引起的惯性导航位置误差为 200～800m；采用 180 阶重力场模型时引起的惯性导航位置误差为 30～130m；采用 360 阶重力场模型时引起的惯性导航位置误差为 2～12m。

李斐等基于 Jekeli 给出的惯性导航系统水平方向位置误差模型，通过构建重力场统计模型，仿真分析了不同速度下三种重力场模型（正常重力场模型、EGM96 模型及模拟的 GOCE 数据获取的重力模型）引起的惯性导航系统位置误差，得到的结果如图 5.6～图 5.8 所示[103]。

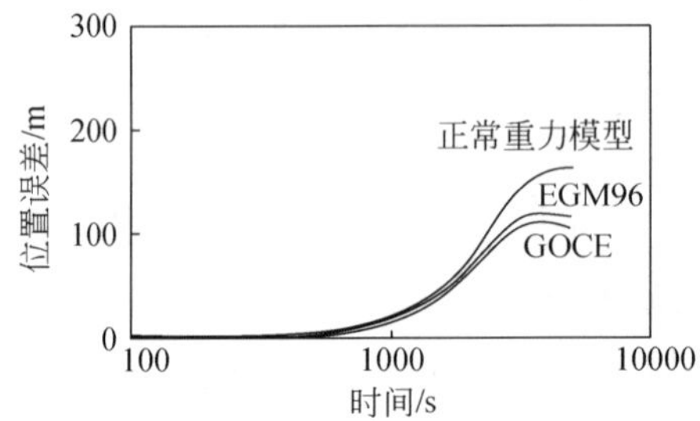

图 5.6　不同重力场模型下的惯性导航位置误差（v=50km/h）

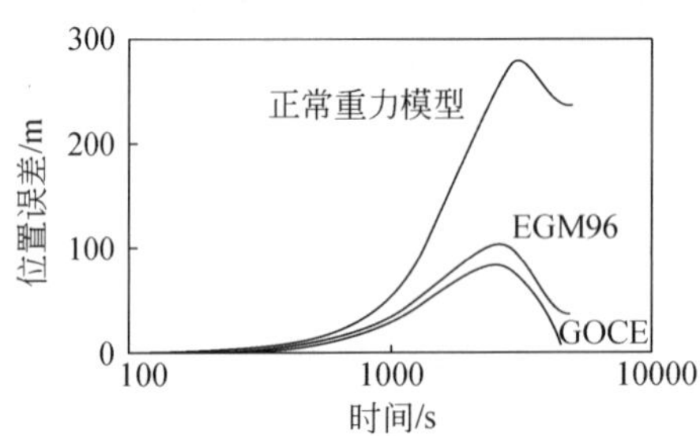

图 5.7　不同重力场模型下的惯性导航位置误差（v=400km/h）

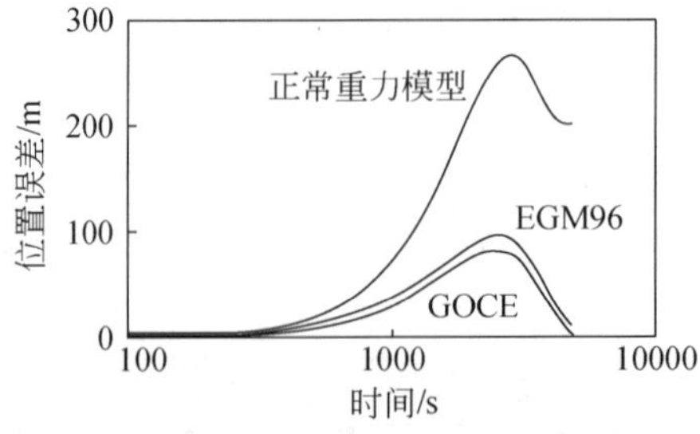

图 5.8　不同重力场模型下的惯性导航位置误差（v=1000km/h）

从上述学者的研究及开展的仿真分析结果可以直观地看出，重力场信息的准确性直接影响惯性导航系统的输出精度，因此在当前陀螺仪等元件精度水平提高的现状下，研究利用重力场信息在惯性导航系统中的影响，对提高惯性导航系统的精度具有现实意义。

5.3.3　扰动重力对惯性导航系统的影响

本节首先介绍两个重要的概念：重力异常和扰动重力。

重力异常的定义为大地水准面上一点的实际重力与该点在平均椭球面上对应点的正常重力之间的标量差[72,104]。如果该点不在大地水准面上，那么指的是将该点的重力值归算到大地水准面之后的异常值。

扰动重力的定义可以从位函数的定义来理解，即根据式(4.57)描述的位函数理论，地球重力位 W 与正常重力位 U 之间存在一个差值，称为扰动位，扰动重力即扰动重力位的一阶导数，它描述空间同一点上的重力与正常重力之差，在东、北、地的导航坐标系中扰动重力向量 T_i 的定义为[105]

$$T_i=\begin{bmatrix}\dfrac{\partial T}{\partial x} & \dfrac{\partial T}{\partial y} & \dfrac{\partial T}{\partial z}\end{bmatrix}^{\mathrm{T}}=\begin{bmatrix}\delta g_E\\ \delta g_N\\ \delta g_D\end{bmatrix}=\begin{bmatrix}-\gamma\xi\\ -\gamma\eta\\ \Delta g\end{bmatrix} \tag{5.9}$$

传统的纯惯性导航系统的工作原理如图 5.9 所示，其积分计算中用到的重力场信息是通过正常重力公式计算得到的，由此不可避免地引入了重力误差，限制了惯性导航系统的精度。由此可以看出，为了获取高精度的导航结果，需要在重力场信息输入端考虑扰动重力的影响。

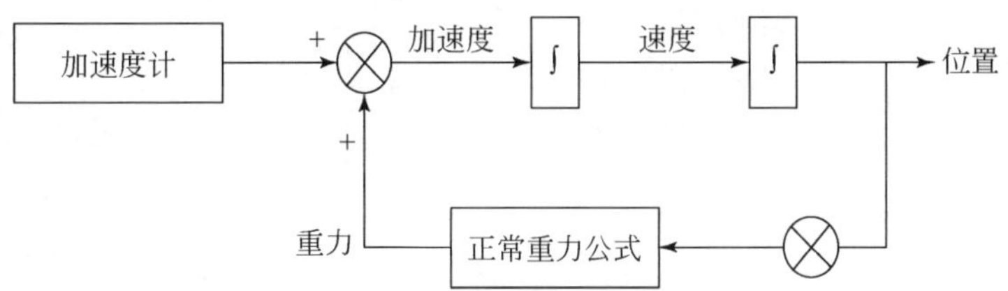

图 5.9　传统纯惯性导航系统的工作原理

5.4　重力梯度仪外部补偿惯性导航系统

利用外部仪器进行扰动重力补偿，是目前国内外提高惯性导航系统精度的主要技术手段[106,107]，鉴于重力梯度仪在测量时相对于重力仪具有明显的优势，即由于重力梯度仪的每个轴向上配有一对加速度计，因此通过观测值的差分可以消除由于载体运动导致的加速度的影响，可以获取较纯净的外部地球物理场参数，而重力仪在测量时无法区分载体运动的加速度与外部地球的引力加速度，无法直接为惯性导航系统提供高精度计算所需的重力场信息，为此本章研究利用重力梯度仪对惯性导航系统进行补偿的原理、方法及相应的数学模型。

5.4.1 重力梯度仪外部补偿基本原理

重力梯度仪外部补偿惯性导航系统的原理实现过程如图 5.10 所示，区别于传统的惯性导航系统的工作原理(图 5.9)，在导航计算的输入端加入了重力梯度仪观测值的输入，该信息一方面与由正常重力公式计算得到的参考重力梯度中张量进行融合后得到梯度差，经卡尔曼滤波后可以对惯性导航系统的输出值进行误差估计，包括位置误差、速度误差、重力误差等，该误差估计可以反馈给导航计算机在输出结果中进行误差修正；另一方面重力梯度仪的输出值直接送入导航计算机中，与加速度计测量到的比力和正常重力公式计算得到的重力向量进行融合，再通过积分运算得到位置信息的输出值。

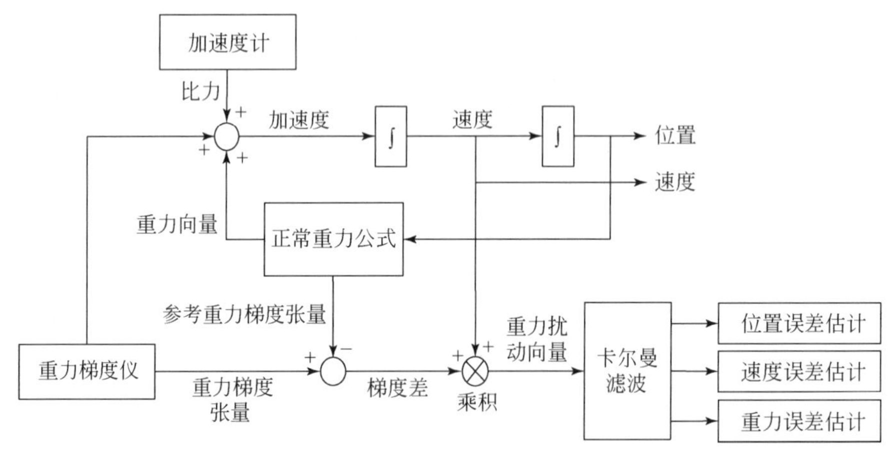

图 5.10 重力梯度仪提供实时重力异常框图

5.4.2 重力梯度仪外部补偿数学模型

在地固坐标系中，对于椭球表面的任意一点，重力异常矢量用 $\bar{\mathbf{g}}^e$ 表示，它是载

体位置 $\boldsymbol{r}$ 的函数，则有

$$\bar{\boldsymbol{g}}^e = \bar{g}\ (\boldsymbol{r})^e \tag{5.10}$$

对式(5.10)微分处理后可得

$$\frac{\mathrm{d}}{\mathrm{d}t}\ (\bar{\boldsymbol{g}})^e = \nabla\bar{g}\ \frac{\mathrm{d}}{\mathrm{d}t}\ (\boldsymbol{r})^e \tag{5.11}$$

式中，∇为梯度算子，用重力异常梯度张量 $\bar{\Gamma}$ 形式表示，则有

$$\dot{\bar{\boldsymbol{g}}}^e = \bar{\boldsymbol{\Gamma}} \cdot \bar{\boldsymbol{V}} \tag{5.12}$$

转换到导航坐标系，则有

$$\begin{aligned} \dot{\bar{\boldsymbol{g}}}^e &= \dot{\bar{\boldsymbol{g}}}^n + \bar{\boldsymbol{\omega}} \times \bar{g} \\ \dot{\bar{\boldsymbol{g}}}^n &= \bar{\boldsymbol{\Gamma}} \cdot \bar{\boldsymbol{V}} - \bar{\boldsymbol{\omega}} \times \bar{g} \end{aligned} \tag{5.13}$$

式中，上标 e，n 分别表示地固坐标系和导航坐标系；$\bar{\boldsymbol{V}}$ 为对地速度矢量；$\bar{\boldsymbol{\omega}}$ 为导航坐标系对地角速度矢量，其大小为 $\omega = \dfrac{V}{R}$。

理论上，对式(5.13)中的 $\dot{\bar{\boldsymbol{g}}}^n$ 积分就可以得到 $\bar{g}$，但是由于 $\bar{\Gamma}$ 中存在测量偏差，因此纯积分计算的过程非常烦琐，且会导致位置误差不断增大，Carl 提出了对 $\dot{\bar{\boldsymbol{g}}}^n$ 进行一阶滤波来研究分析，滤波器对时间积分，积分时间小于滤波周期。

如果重力异常估计值用 $\bar{\boldsymbol{g}}_c$ 表示，那么前面所述的表示形式可以变换为

$$(1 + \tau s)\bar{\boldsymbol{g}}_c = \tau\,\dot{\bar{\boldsymbol{g}}}^n \tag{5.14}$$

式中，τ 为积分时间常数，理论上对式(5.14)中在 $\tau \to \infty$时积分则 $\bar{\boldsymbol{g}}_c \to \dot{\bar{\boldsymbol{g}}}_n$，但实际情况是仿真时 τ 并非越大效果越好。式(5.14)中，$\dot{\bar{\boldsymbol{g}}}^n$ 表示重力梯度仪测量的重力异常梯度张量，包括测量误差，用 $\dot{\bar{\boldsymbol{g}}}^n_m$ 表示为

$$(1 + \tau s)\bar{\boldsymbol{g}}_c = \tau\,\dot{\bar{\boldsymbol{g}}}^n_m \tag{5.15}$$

由式(5.13)得

$$\dot{\bar{\boldsymbol{g}}}^n_m = \bar{\Gamma}_m \cdot \bar{\boldsymbol{V}} - \bar{\boldsymbol{\omega}} \times \bar{g} \tag{5.16}$$

重力异常误差为

$$\delta\bar{g} = \bar{g}_c - \bar{g} \tag{5.17}$$

结合式(5.14)和式(5.15)得

$$(1+s\tau)\delta\bar{g}=\tau\dot{\boldsymbol{g}}_m^n-(1+s\tau)\bar{g} \tag{5.18}$$

式(5.18)中 $\dot{\boldsymbol{g}}_m^n$ 用式(5.16)替代并整理可得

$$\delta\dot{\bar{\boldsymbol{g}}}_m^n=\bar{\Gamma}_m\cdot\bar{\boldsymbol{V}}-\bar{\boldsymbol{\omega}}\times\bar{g}-\delta\bar{g}/\tau-(\bar{g}/\tau+\dot{\boldsymbol{g}}^n) \tag{5.19}$$

因为重力梯度仪的观测值是总重力场的梯度 Γ_c，正常重力梯度张量用 Γ_0 表示，因此有

$$\bar{\Gamma}_m=\Gamma_c-\Gamma_0 \tag{5.20}$$

变换后可得

$$\Gamma_c=\Gamma_0+\bar{\Gamma}_m \tag{5.21}$$

由于重力梯度仪测量值是在实际梯度仪测量坐标系中获取，对导航应用需要将其转换到导航坐标系中，可以通过变换矩阵 $\Gamma_c^n=C\Gamma_c^e C^{\mathrm{T}}$ 来实现，其中 C^{T} 是 C 的转置。

$$C=\begin{bmatrix}1 & \Phi_z & -\Phi_y\\ -\Phi_z & 1 & \Phi_x\\ \Phi_y & -\Phi_x & 1\end{bmatrix} \tag{5.22}$$

式中，Φ_x，Φ_y，Φ_z 为欧拉角，是梯度仪测量坐标系相对于导航坐标系的倾斜角，包括梯度仪平台倾角和初始角对准误差，因此可以写成 $\Phi=m+\delta\theta_G$，m 为装配对准角误差，$\delta\theta_G$ 为梯度仪平台倾斜误差，如果重力梯度仪与惯导安装在同一个平台上，那么 Φ 为惯导的姿态角。

如 3.3.2 节所述，重力梯度仪测量误差包括尺度因子、安装偏差和对准误差等，简单考虑单一的尺度因子有[108]

$$\Gamma_c=S[C(\Gamma_0+\bar{\Gamma}_m)C^{\mathrm{T}}]+B \tag{5.23}$$

式中，S 为尺度因子；B 为偏张量。将式(5.21)和式(5.23)代入式(5.20)，可得

$$\bar{\Gamma}_m=S[C(\Gamma_0+\bar{\Gamma})C^{\mathrm{T}}]+B-\Gamma_0 \tag{5.24}$$

式(5.19)给出了 $\delta\bar{g}$ 的差分方程形式，括号内的为递推项，还包含三个误差量，即

$$\begin{aligned}V&\rightarrow V+\delta V\\ \omega&\rightarrow\omega+\delta\omega\\ \bar{g}&\rightarrow\bar{g}+\delta\bar{g}\end{aligned} \tag{5.25}$$

将式(5.22)代入式(5.24)略去二阶小量并对 Φ 进行线性变换，再将式(5.24)代入式(5.19)并进行线性化变换，同时将 $\dot{\boldsymbol{g}}^n$ 用式(5.13)替代，结果为

$$\begin{aligned}\delta\dot{\bar{\boldsymbol{g}}}^n=&[(S-1)(\Gamma_0+\bar{\Gamma})+S(\Gamma_0+\bar{\Gamma})\Phi^{\mathrm{T}}+S\Phi(\Gamma_0+\bar{\Gamma})+B]\cdot V\\ &+\bar{\Gamma}\cdot\delta V-\omega\times\delta\bar{g}-\delta\omega\times\bar{g}-(\bar{g}+\delta\bar{g})/\tau\end{aligned} \tag{5.26}$$

对于重力场模型，局部水准坐标系（N,E,U）中的重力梯度矩阵可以写为

$$
\Gamma_0=\frac{g}{R}\begin{bmatrix}-1 & 0 & 0\\ 0 & -1 & 0\\ 0 & 0 & 2\end{bmatrix}\equiv\begin{bmatrix}C_{xx} & 0 & 0\\ 0 & C_{yy} & 0\\ 0 & 0 & C_{zz}\end{bmatrix} \tag{5.27}
$$

对于重力梯度张量：

$$
\bar{\Gamma}=\begin{bmatrix}\Gamma_{xx} & \Gamma_{xy} & \Gamma_{xz}\\ \Gamma_{xy} & \Gamma_{yy} & \Gamma_{yz}\\ \Gamma_{xz} & \Gamma_{yz} & \Gamma_{zz}\end{bmatrix} \tag{5.28}
$$

非对角线上的梯度一般认为其取值不超过 100E，所以在计算分析 C_{xx}，C_{yy}，C_{zz} 独立项时可以将非对角线上的元素进行忽略。

整理后写成导航参数的误差方程式为

$$
\begin{aligned}
\begin{bmatrix}\delta\dot{g}_E\\ \delta\dot{g}_N\\ \delta\dot{g}_D\end{bmatrix}=S&\begin{bmatrix}V_N\Gamma_{xz}-V_D\Gamma_{xy} & -[2V_E\Gamma_{xz}+V_N\Gamma_{yz}-V_D(C_{xx}-C_{zz})] & [2V_E\Gamma_{xy}-V_N(C_{xx}-C_{yy})+V_D\Gamma_{yz}]\\ V_E\Gamma_{xz}+2V_N\Gamma_{yz}-V_D(C_{yy}-C_{zz}) & -V_E\Gamma_{yz}+V_D\Gamma_{xy} & -[V_E(C_{xx}-C_{yy})+2V_N\Gamma_{xy}+V_D\Gamma_{xz}]\\ -[V_E\Gamma_{xy}+V_N(C_{yy}-C_{zz})+2V_D\Gamma_{yz}] & V_E(C_{xx}-C_{zz})+2V_D\Gamma_{xz}+V_N\Gamma_{xy} & V_E\Gamma_{yz}-V_N\Gamma_{xz}\end{bmatrix}\\
&\cdot\begin{bmatrix}\varphi_x\\ \varphi_y\\ \varphi_z\end{bmatrix}+\begin{bmatrix}\Gamma_{xx} & \Gamma_{xy} & \Gamma_{xz}\\ \Gamma_{xy} & \Gamma_{yy} & \Gamma_{yz}\\ \Gamma_{xz} & \Gamma_{yz} & \Gamma_{zz}\end{bmatrix}\begin{bmatrix}\delta V_E\\ \delta V_E\\ \delta V_E\end{bmatrix}-\begin{bmatrix}0 & -\omega_z & \omega_y\\ \omega_z & 0 & -\omega_x\\ -\omega_y & \omega_x & 0\end{bmatrix}\begin{bmatrix}\delta g_E\\ \delta g_N\\ \delta g_D\end{bmatrix}+\begin{bmatrix}0 & -\delta\omega_z & \delta\omega_y\\ \delta\omega_z & 0 & -\delta\omega_x\\ -\delta\omega_y & \delta\omega_x & 0\end{bmatrix}\begin{bmatrix}g_E\\ g_N\\ g_D\end{bmatrix}\\
&+\begin{bmatrix}B+(S-1)C_{xx} & B+(S-1)\Gamma_{xy} & B+(S-1)\Gamma_{xz}\\ B+(S-1)\Gamma_{xy} & B+(S-1)C_{yy} & B+(S-1)\Gamma_{yz}\\ B+(S-1)\Gamma_{xz} & B+(S-1)\Gamma_{yz} & B+(S-1)C_{zz}\end{bmatrix}\begin{bmatrix}V_E\\ V_N\\ V_D\end{bmatrix}-\begin{bmatrix}\dfrac{\delta g_E+g_E}{\tau}\\ \dfrac{\delta g_N+g_N}{\tau}\\ \dfrac{\delta g_D+g_D}{\tau}\end{bmatrix}
\end{aligned} \tag{5.29}
$$

5.4.3　仿真分析

在 5.3 节和 5.4 节分析的基础上，本节仿真分析不同积分周期与不同重力梯度仪测量情况下，无重力梯度仪补偿和有重力梯度仪补偿时惯性导航系统对位置误差与速度误差的输出结果的影响，以此验证重力梯度仪外部补偿惯性导航系统的效果。仿真中所采用的区域重力背景场数据为互联网上公开发布的 $2'\times 2'$ 数据，其范围为 21°～24°N，120°～123°E，通过插值处理后，将重力背景场地图分辨率提高到 $0.6'\times 0.6'$。

仿真参数设定如下：导航误差 δV，$\delta\theta$，δP 与重力梯度仪补偿导航误差 δV_G，$\delta\theta_G$，δP_G 的初始值为零，仿真采用了外速度阻尼，阻尼系数 $k=0.1$，尺度因子 S 误差小

于 0.001;地球半径为 6370km。

1. 不同积分常数条件下的仿真分析

这里验证不同积分周期情况下重力梯度仪对惯性导航系统输出的影响,分析了 $\tau=1\text{h}$,$\tau=5\text{h}$,$\tau=20\text{h}$ 四种情形,本次仿真假设载体运行速度为 3m/s,仿真时间 16h,首先绘制了计算区域的重力背景场数据的三维与矢量合成图,以及计算区域的垂线偏差等值线图与航迹图,如图 5.11 和图 5.12 所示。

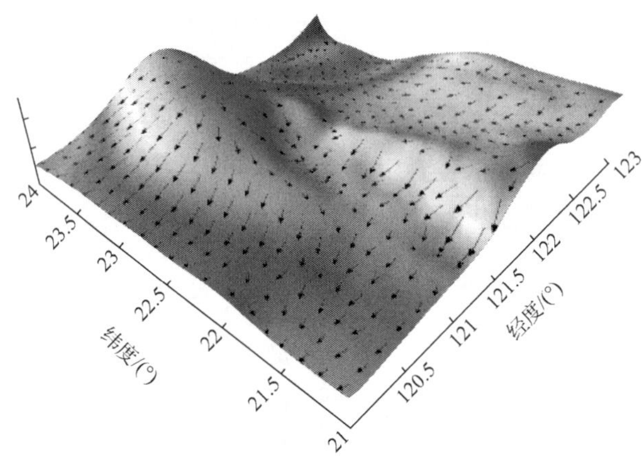

图 5.11 仿真区域重力背景场数据的三维与矢量合成图

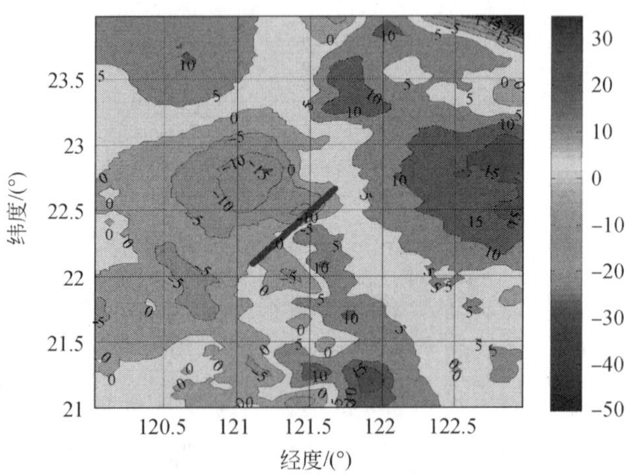

图 5.12 仿真区域垂线偏差等值线与航迹图(21°~24°,121°~123°E)

由图 5.13 和图 5.14 的位置和速度误差曲线及表 5.1 的最大位置误差和最大

速度误差统计数据可以看出，借助于重力梯度仪进行外部补偿以后可以有效地提高惯性导航系统的输出精度，最大位置误差至少可以减小一半以上，速度误差更是至少减少 2/3 以上，从统计表格也可以看出积分常数越大效果越明显，但是当积分常数达到一定数值以后(如 10h)则不再有效果。

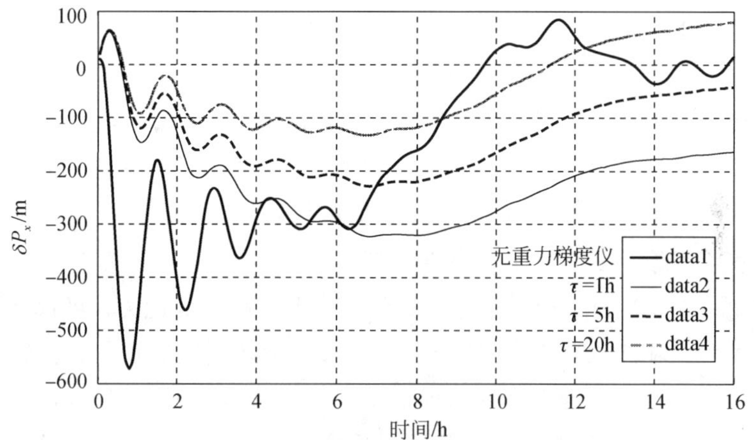

图 5.13　不同积分常数条件下的定位误差分析

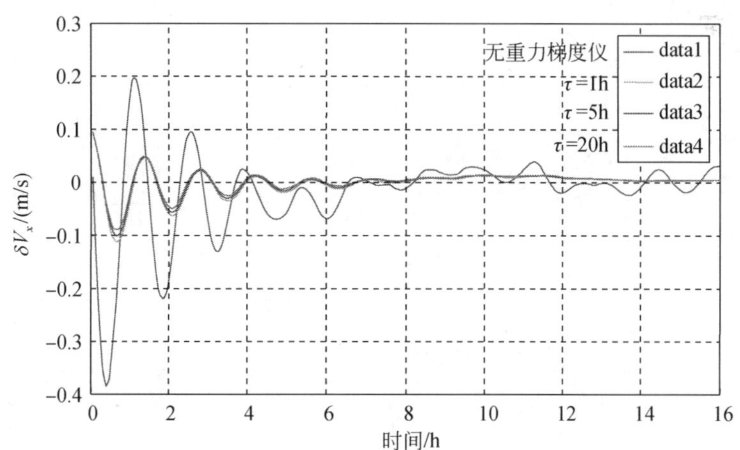

图 5.14　不同积分常数条件下的速度误差分析(见彩图)

表 5.1　不同积分常数条件下的统计结果

积分周期 / 惯性导航输出误差	无重力梯度仪	τ=1h	τ=5h	τ=20h
最大位置误差/m	572.4667	323.5712	228.7705	134.4295
最大速度误差/(m/s)	0.3847	0.1134	0.1024	0.0930

2. 重力梯度仪不同测量误差条件下的仿真分析

任何测量仪器在工作时都存在一定的测量误差，重力梯度仪也一样，存在一定大小的测量误差，其误差会影响惯性导航系统的输出，因此本章仿真了测量误差分别为－8E，0E 和 8E，仿真时间为 10h，速度分别为 3m/s 和 6m/s 情形下的重力梯度仪对惯性导航系统补偿输出结果的影响。

由仿真结果图 5.15～图 5.18 及表 5.2 可以看出，在无重力梯度仪外部补偿时惯性导航系统的输出误差较大(最大可达 572m)，而有重力梯度仪补偿后误差至少减少 1/2，同样由重力梯度仪外部补偿后最大速度误差也有大幅度的减小，至少减少 2/3 以上，因此仿真结果很好地验证了重力梯度仪外部补偿对惯性导航系统的性能提高具有显著的效果，具有很好的军事应用价值。

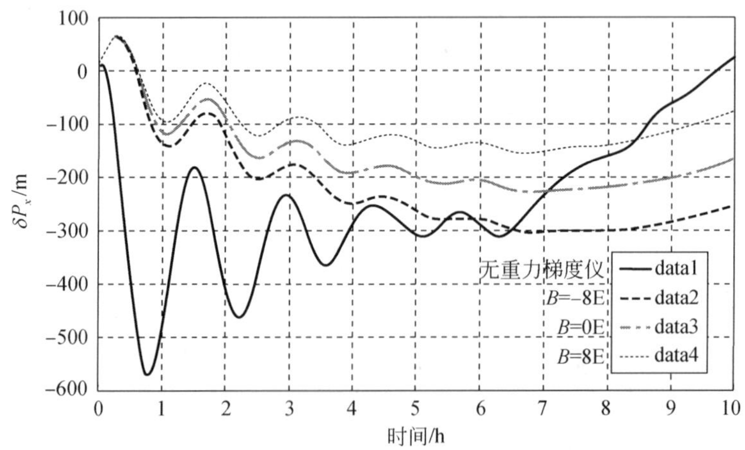

图 5.15　重力梯度仪不同测量误差条件下的定位误差(v = 3m/s)

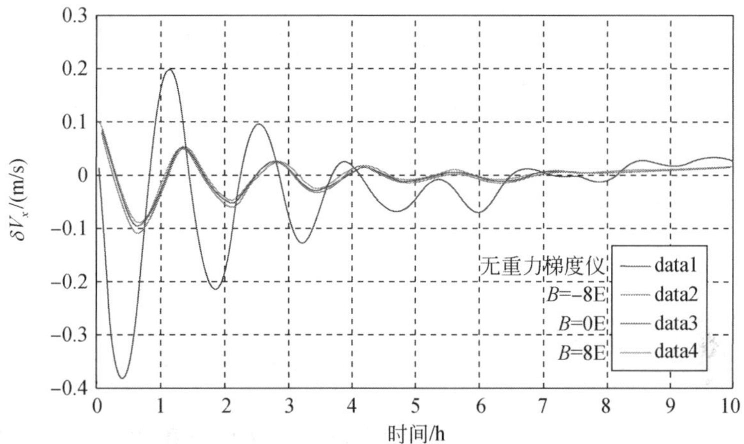

图 5.16　重力梯度仪不同测量误差条件下的速度误差(v = 3m/s)(见彩图)

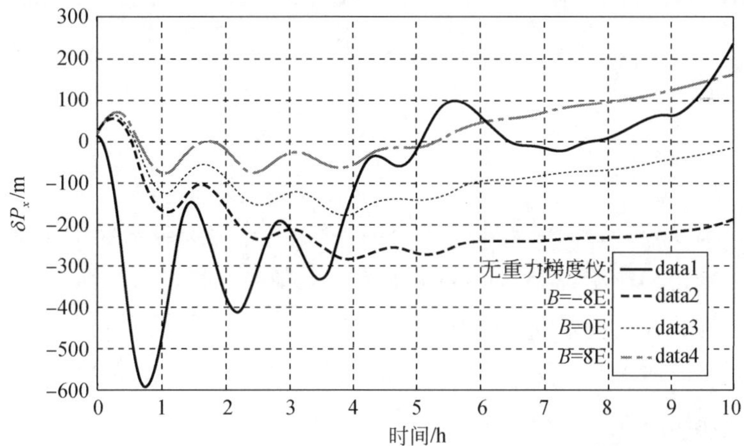

图 5.17　重力梯度仪不同测量误差条件下的定位误差(v = 6m/s)

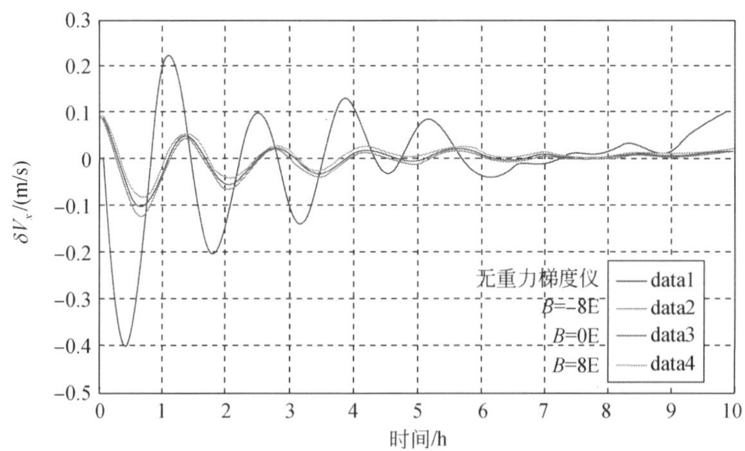

图 5.18　重力梯度仪不同测量误差条件下的速度误差($v = 6$m/s)(见彩图)

表 5.2　不同测量误差条件下的统计结果

梯度仪测量误差 / 惯性导航输出误差	无重力梯度仪	$B = -8$E	$B = 0$E	$B = 8$E
最大位置误差/m	594.8757	257.1862	228.7705	200.4403
最大速度误差/(m/s)	0.3847	0.1057	0.1024	0.0991

5.5　本 章 小 结

惯性导航系统是目前潜艇水下主要的导航装备,对保障潜艇的水下航行安全具有重要的地位和作用,但是惯性导航具有误差随时间积累的特性,使得其在潜艇上的应用存在很大的局限性,而研究利用外部仪器辅助惯性导航系统的手段是提高惯性导航系统的重要方法,本书基于重力梯度仪具有的良好特性,研究了其在辅助惯性导航系统方面的应用。

本章首先介绍了惯性导航系统的概念、分类及基本工作原理;接着介绍了重力异常与扰动重力的概念,分析了由于实际重力与正常重力公式计算得到的重力之差在纬度确定方面的误差,结合纯惯性导航系统的工作原理框图分析了扰动重力影响惯性导航系统的方式。在此分析的基础上研究了重力梯度仪外部补偿惯性导航系统的基本原理、相应的数学模型,并进行了不同积分常数、不同重力梯度仪测量误差条件下的仿真分析。仿真分析结果表明，在采用重力梯度仪外部补偿的情况下，可以明显地减小惯性导航系统的位置和速度输出误差，位置方面至少可以减少 1/2 以上的误差，而速度方面可以减少 2/3 以上的误差。因此，采用重力梯度仪外部补偿惯性导航系统可以有效地减小惯性导航系统的输出误差，对提高惯性导航系统的精度具有一定的借鉴意义。

第6章　基于重力梯度测量的水下目标探测

6.1 引　　言

正如第1章所述，潜艇在水下运行时被幽暗的海水所覆盖，无法用光学的方法观测周围的环境，而对于军事应用的潜艇又不允许其使用一些有源的探测手段来获取周围环境的信息，这就使得它在水下运行时只能借助于一些可能存在误差或信息不全的海图等方式来判断外界环境，这必然存在一定的安全隐患。同时由于现代潜艇降噪技术的提高，潜艇噪声几乎为海洋背景所湮没，被动声呐难以探测到即使离得非常近的潜艇，这也是2009年2月3日发生在比斯开湾骇人听闻的法国“凯旋”号核潜艇与英国皇家海军“前卫”号核潜艇在水下碰撞的事件的重要原因(图1.2)。

由于潜艇在水下航行时被海水覆盖，因此在潜艇诞生之初就饱受水下探测与导航的困扰，而随着潜艇建造技术的提高，对水下探测技术的要求也越来越高，这也促使许多学者不断寻求新的探测技术来提高水下航行的安全性。目前海洋水下探测最常用的技术是基于声呐的探测，声呐在工作时可以分为被动方式和主动方式，被动声呐就是被动地接收物体发出的声音信号，以此进行探测、定位等，限于工作方式其无法探测到不发声的海底地形等障碍物；主动声呐则是通过发出声信号来探测，它可以探测到如海山等不发声的地形，但由于自身发出声音信号从而容易被别人侦测到，不满足特定领域隐蔽性的应用要求，因此人们转而寻找一种既能探测障碍物又具有隐蔽性的技术。随着材料技术、超导技术、计算机技术、信号处理技术的发展，重力梯度仪得到了长足的发展[109]，它具备一些独特的性能使其在探测近处物体方面具有天然的优势，可以有效地探测仪器周围可能存在的密度异常体，为此本书提出在潜艇中配备动基座的重力梯度仪，利用海底障碍地形、沉船等在一定距离上产生特定大小引力梯度的特性，而且随距离接近时，障碍物引起的梯度值会发生突变的特性，通过重力梯度仪的输出来确定航道上及潜艇周围可能存在的障碍物，从而有效地避开障碍地形，实现安全航行。

6.2　基于重力梯度探测的基本原理

在海洋中海底地形起伏、岩石密度变化、海水随潮汐起伏等都可能引起空间重力梯度的变化，其中地形起伏引起的梯度是主要原因，而且本书的研究主要利用重力梯度仪输出值的变化来确定是否有障碍物的存在，它对应于重力梯度的异常部分，主要是由地形的凸起或凹陷引起的，因此本书主要研究由于地形起伏变化导致的重力梯度变化部分[110]。海底地形与周围海水存在着密度差，该差值对应的剩余质量在一定距离上会产生一定的引力梯度，如果梯度值的量级超过重力梯度仪的测量分辨率，那么可以被重力梯度仪感应到，当装备有重力梯度仪的潜艇经过或靠近这些障碍地形并进行连续观测时，则其输出值会发生变化，而且随着载体与障碍地形间距离的减小，梯度值将急剧增加，这时可以通过重力梯度值的变化判断是否可能有障碍地形的存在，从而为避开该障碍地形提供技术依据。引力梯度可由式(6.1)的引力位函数导出[111]：

$$V = G\Delta\rho \iiint \frac{\mathrm{d}V}{r} \tag{6.1}$$

式中，$G=6.67\times10^{-11}\mathrm{m}^3/(\mathrm{kg}\cdot\mathrm{s}^2)$ 为万有引力常数；$\Delta\rho$ 为岩石密度与海水密度之差；r 为流动点（载体）距离圆锥形中某体元（m, n, p）的距离，且 $r=\sqrt{(X-m)^2+(Y-n)^2+(Z-p)^2}$ 。

由于垂直梯度在实际应用中比较广泛，因此本书以引力垂直梯度为例阐述其计算方法，其他方向的梯度计算可由类似方法得到。对式(6.1)的位函数求 z 方向的二阶导数，即可得到装备有重力梯度仪的载体在 (X,Y,Z) 处的垂直梯度表达形式：

$$T_{zz} = G\Delta\rho \iiint \frac{3\,(Z-p)^2 - r^2}{r^5}\mathrm{d}x\mathrm{d}y\mathrm{d}z \tag{6.2}$$

6.3　水下对水面的探测

为了使本书的分析更贴近实际情况，本章以美国阿利伯克级驱逐舰为例进行分析，该舰艇排水量为 9000t（满载），主尺寸 150m（长）×20m（宽），吃水深度 6.3m。在分析时为了简化问题，将舰艇的几何形状假定为椭球体(图 6.1)，该椭球体以艇长为长轴，舰艇质量均匀分布在外壳上，因此由于质量分布调整引起的重力梯度包括以下两部分:①外壳上的质量引起的重力梯度;②舰艇内部假定为空气,从而造成海水质量亏损,该部分亏损的海水产生一部分重力梯度。

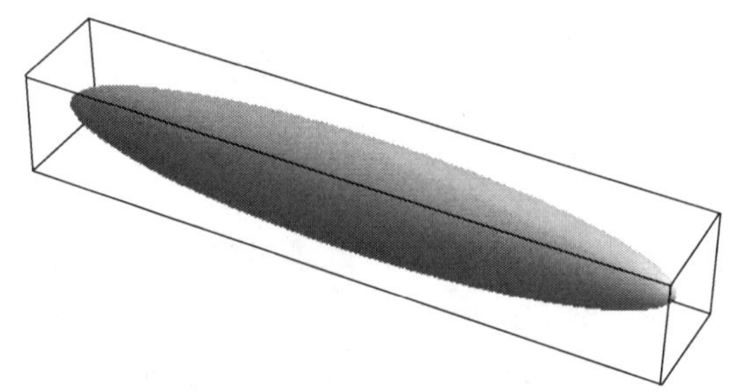

图 6.1 舰艇简化模型示意图

6.3.1 分布在舰艇外壳上的质量产生的重力梯度

首先计算分布在舰艇外壳上的质量产生的重力梯度。本书可用旋转椭球体作为舰艇几何形状的近似,并假定该椭球体的方程为

$$\frac{x^2}{a^2}+\frac{y^2+z^2}{b^2}=1 \tag{6.3}$$

以美国阿利伯克级驱逐舰为例时,为了简化模型,令 $b=20/2\text{m}$, $a=150/2\text{m}$, $m_{排}=9\times10^6\text{kg}$ 。具体计算过程如下。

1. *舰艇表面积和面密度的确定*

设该椭球的面密度为 σ ,表面积为 S ,其表面积可由式(6.4)计算得到:

$$S=2\pi b^2\left[\frac{1}{1-e^2}+\frac{1}{2e}\ln\frac{1+e}{1-e}\right] \tag{6.4}$$

$$e=\sqrt{\frac{b^2-a^2}{b^2}} \tag{6.5}$$

注:实际计算时式(6.4)为复数,椭球表面积为其计算结果的实部。

在平衡状态,舰艇重力和所受浮力相等,即舰艇质量与排水量相等,于是可得

$$\sigma S=m_{排} \tag{6.6}$$

将潜艇的几何参数代入式(6.5)可得 $S=7.46134\times10^7\ \text{cm}^2$,将其再代入式(6.6)可得其面密度为

$$\sigma=120.622\ \text{g/cm}^2 \tag{6.7}$$

2. 舰艇外壳质量引起的重力垂直梯度

以椭球中心为坐标原点建立空间直角坐标系，取垂直向下为 Z 轴正方向，指向艇艏的方向为 X 轴正向，右舷方向为 Y 轴正向。设椭球上一面元为 $\mathrm{d}S$ ，则在空间一点 (X,Y,Z) 由该面元引起的引力位表达式为

$$V_1 = G\sigma \iint \frac{\mathrm{d}S}{[(x-X)^2+(y-Y)^2+(z-Z)^2]^{1/2}} \tag{6.8}$$

式中，$G=6.67\times 10^{-8}\ \mathrm{m^3/(kg\cdot s^2)}$ 为万有引力常数；(x,y,z) 为面元坐标。

这里主要讨论重力垂直梯度(即引力位在 Z 方向的二阶导数)，式(6.8)对 Z 求二阶导数，可得 (X,Y,Z) 处的重力垂直梯度为

$$V_{1zz} = G\sigma \iint \frac{-(X-x)^2-(Y-y)^2+2(Z-z)^2}{((X-x)^2+(Y-y)^2+(Z-z)^2)^{5/2}}\mathrm{d}S \tag{6.9}$$

式(6.9)为对面积的曲面积分，为便于计算，首先需要将该式转换为对坐标的曲面积分。转换公式为

$$\iint_{\Sigma} f(x,y,z)\mathrm{d}S = \iint_{D_{xy}} f(x,y,z(x,y))\sqrt{1+z_x^2(x,y)+z_y^2(x,y)}\,\mathrm{d}x\mathrm{d}y \tag{6.10}$$

式中，假定曲面 Σ 的方程为 $z=z(x,y)$ ，相应的曲面面积元素 $\mathrm{d}S$ 就是 $\sqrt{1+z_x^2(x,y)+z_y^2(x,y)}\,\mathrm{d}x\mathrm{d}y$ 。注意到在舰艇椭球模型中，椭球面在 yOz 平面上的投影为圆域 $y^2+z^2\leqslant b^2$，因此可将椭球面方程假定为 $x=x(z,y)$ ，这样转换后的积分区域即为一圆域，便于积分的求解计算。

由 yOz 平面可将椭球面分为前后两部分，即

$$x=\frac{a}{b}\sqrt{b^2-y^2-z^2} \text{ 和 } x=-\frac{a}{b}\sqrt{b^2-y^2-z^2} \tag{6.11}$$

首先给出舰艇前半部分引起的重力垂直梯度计算公式。

对式(6.11)求 y ，z 的偏导数为

$$x_y=-\frac{ay}{b\sqrt{b^2-y^2-z^2}} \tag{6.12}$$

$$x_z=-\frac{az}{b\sqrt{b^2-y^2-z^2}} \tag{6.13}$$

因此，由式(6.9)和式(6.11)可得前半部分引起的重力垂直梯度为

$$V_{1zz1} = G\sigma\iint \frac{-(X-x)^2-(Y-y)^2+2(Z-z)^2}{((X-x)^2+(Y-y)^2+(Z-z)^2)^{5/2}}\sqrt{1+x_y^2+x_z^2}\,\mathrm{d}y\mathrm{d}z$$

$$= G\sigma\iint \frac{\sqrt{\dfrac{b^4+(a^2-b^2)(y^2+z^2)}{b^2-y^2-z^2}}\left(-(Y-y)^2+2(Z-z)^2-\left(X-\dfrac{a}{b}\sqrt{b^2-y^2-z^2}\right)^2\right)}{b\left((Y-y)^2+(Z-z)^2-\left(X+\dfrac{a}{b}\sqrt{b^2-y^2-z^2}\right)^2\right)^{5/2}}\mathrm{d}y\mathrm{d}z \tag{6.14}$$

类似地,可得舰艇后半部分引起的重力垂直梯度为

$$V_{1zz2} = G\sigma\iint \frac{-(X-x)^2-(Y-y)^2+2(Z-z)^2}{((X-x)^2+(Y-y)^2+(Z-z)^2)^{5/2}}\sqrt{1+x_y^2+x_z^2}\,\mathrm{d}y\mathrm{d}z$$

$$= G\sigma\iint \frac{\sqrt{\dfrac{b^4+(a^2-b^2)(y^2+z^2)}{b^2-y^2-z^2}}\left(-(Y-y)^2+2(Z-z)^2-\left(X+\dfrac{a}{b}\sqrt{b^2-y^2-z^2}\right)^2\right)}{b\left((Y-y)^2+(Z-z)^2+\left(X+\dfrac{a}{b}\sqrt{b^2-y^2-z^2}\right)^2\right)^{5/2}}\mathrm{d}y\mathrm{d}z \tag{6.15}$$

因此,舰艇外壳质量引起的总的重力垂直梯度为

$$V_{1zz} = V_{1zz1} + V_{1zz2} \tag{6.16}$$

考虑到积分区域为 $y^2+z^2\leqslant b^2$,此时可引入极坐标 $x=r\cos\theta, y=r\sin\theta$,积分范围相应变为 $0\leqslant r\leqslant b, 0\leqslant\theta\leqslant 2\pi$ 。给定计算点(X,Y,Z)后,在 Mathematica 代数系统中通过编程计算,即可得到潜艇外壳质量在该点处引起的总的重力垂直梯度。

3. 计算分析

为进一步说明舰艇外壳质量引起的总的重力垂直梯度在 X, Y, Z 方向的变化情况,本书对此进行了计算,并将变化趋势绘制成图,如下所示。

1) X 方向的变化情况

图 6.2～图 6.4 的纵轴为相应点处总的重力垂直梯度,以未来重力梯度仪可以达到 10^{-6} E 的精度水平为标准。

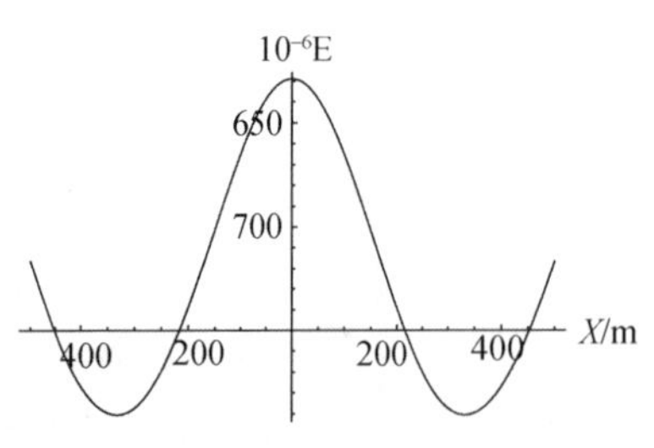

(a) $-500\text{m}\leqslant X\leqslant 500\text{m}$, $Y=500\text{m}$, $Z=-300\text{mm}$

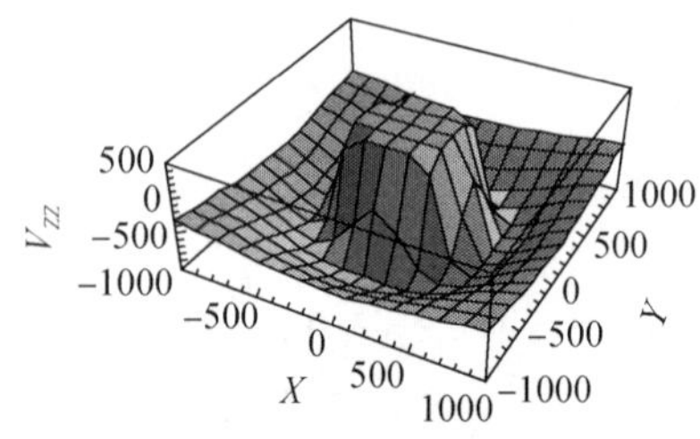

(b) $Z=-500\text{m}$, $-1000\text{m}\leqslant X\leqslant 1000\text{m}$, $-1000\text{m}\leqslant Y\leqslant 1000\text{m}$

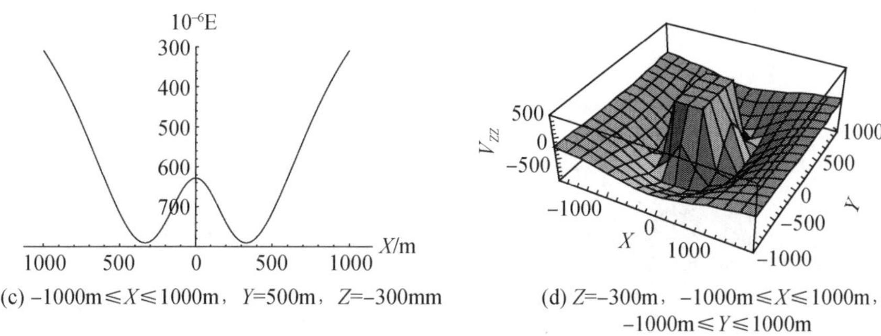

(c) $-1000\text{m}\leqslant X\leqslant 1000\text{m}$，$Y=500\text{m}$，$Z=-300\text{mm}$

(d) $Z=-300\text{m}$，$-1000\text{m}\leqslant X\leqslant 1000\text{m}$，$-1000\text{m}\leqslant Y\leqslant 1000\text{m}$

图 6.2　重力梯度在 X 方向的变化

2）Y 方向的变化情况

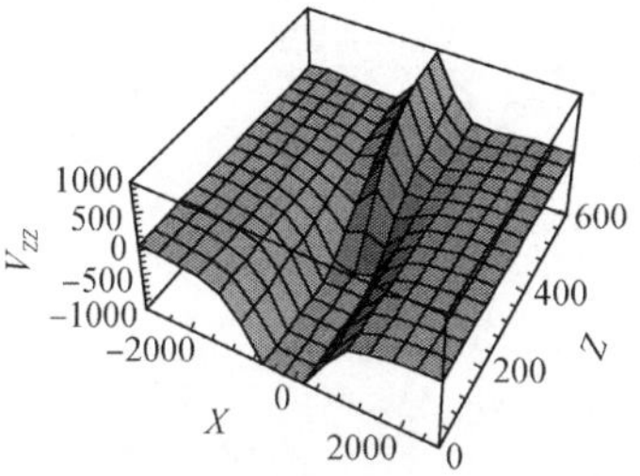

(a) $Y=500\text{m}$，$-3000\text{m}\leqslant X\leqslant 3000\text{m}$，$0\leqslant Z\leqslant 600\text{m}$

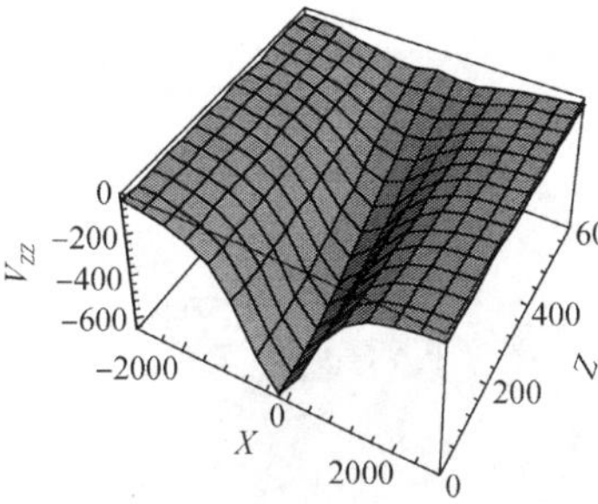

(b) $Y=1000\text{m}$，$-3000\text{m}\leqslant X\leqslant 3000\text{m}$，$0\leqslant Z\leqslant 600\text{m}$

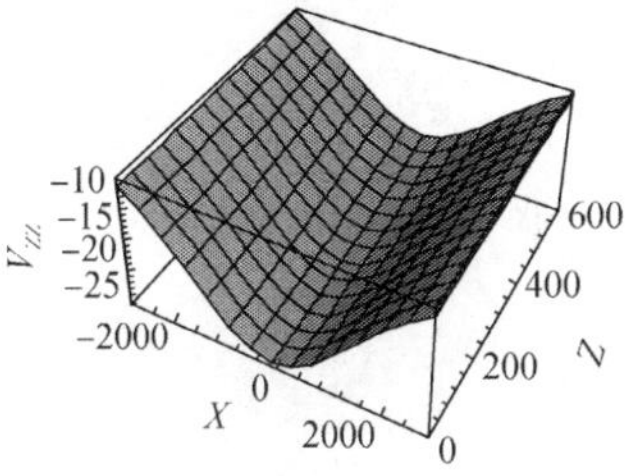

(c) $-3000\text{m}\leqslant X\leqslant 3000\text{m}$，$0\leqslant Z\leqslant 600\text{m}$，$Y=3000\text{m}$

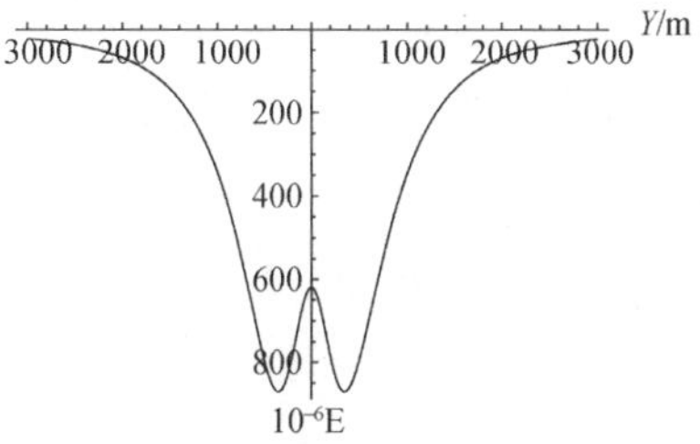

(d) $X=500\text{m}$，$Z=300\text{m}$，$-3000\text{m}\leqslant Y\leqslant 3000\text{m}$

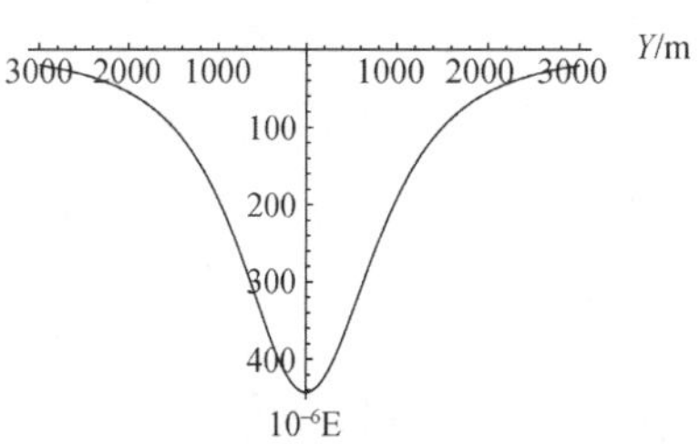

(e) $X=1000\text{m}$，$Z=300\text{m}$，$-3000\text{m}\leqslant Y\leqslant 3000\text{m}$

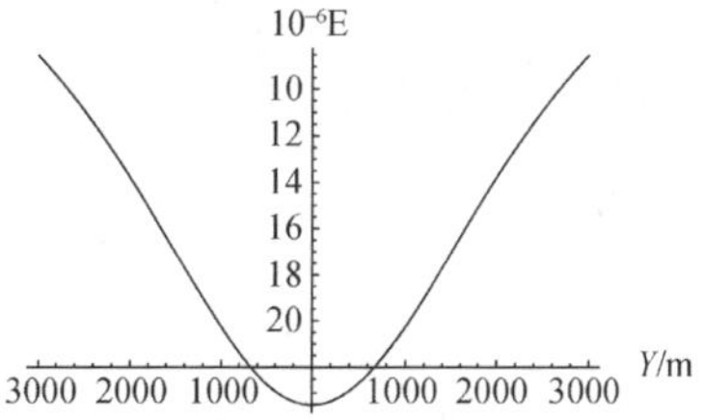

(f) $X=3000\text{m}$，$Z=300\text{m}$，$-3000\text{m}\leqslant Y\leqslant 3000\text{m}$

图 6.3　重力梯度在 Y 方向的变化

3）Z 方向的变化情况

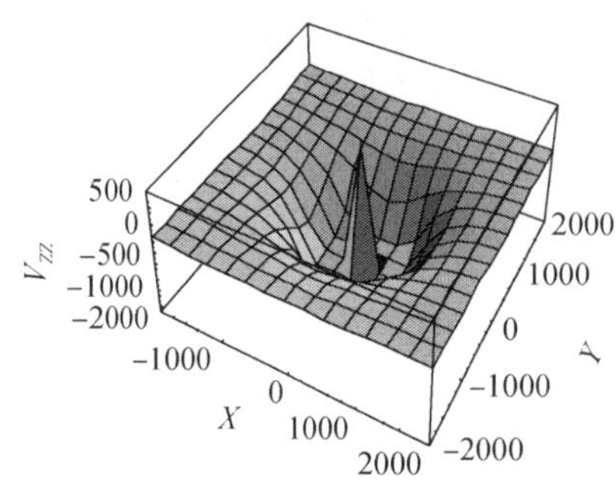

(a) Z=100m，$-2000\text{m}\leqslant X\leqslant 2000\text{m}$，$-2000\text{m}\leqslant Y\leqslant 2000\text{m}$

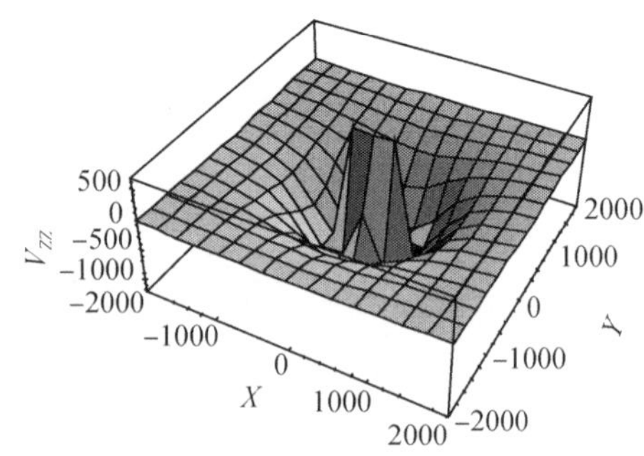

(b) Z=200m，$-2000\text{m}\leqslant X\leqslant 2000\text{m}$，$-2000\text{m}\leqslant Y\leqslant 2000\text{m}$

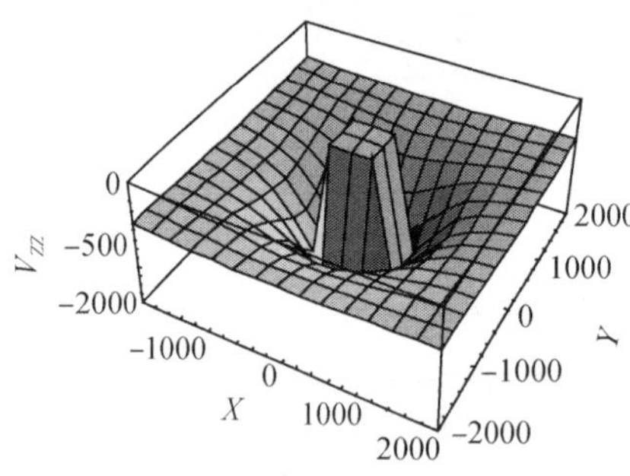

(c) Z=300m，$-2000\text{m}\leqslant X\leqslant 2000\text{m}$，$-2000\text{m}\leqslant Y\leqslant 2000\text{m}$

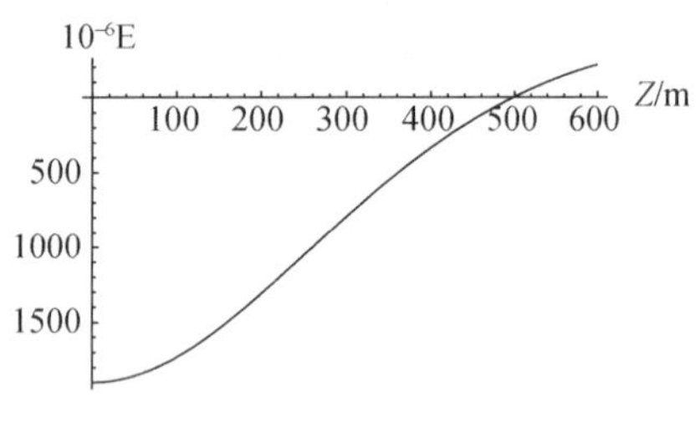

(d) X=500m，Y=500m，$0\leqslant Z\leqslant 600\text{m}$

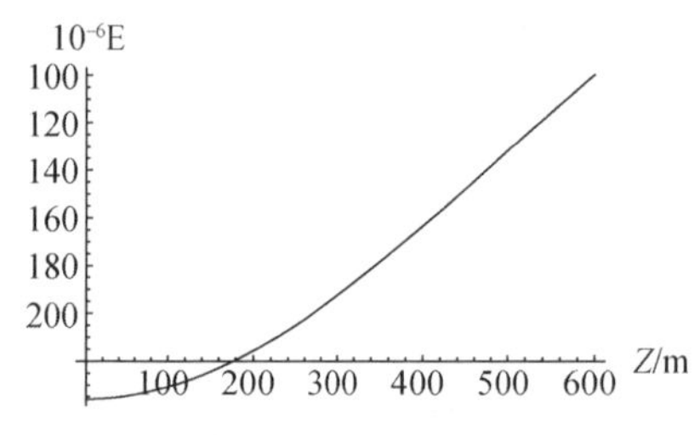

(e) X=1000m，Y=1000m，$0\leqslant Z\leqslant 600\text{m}$

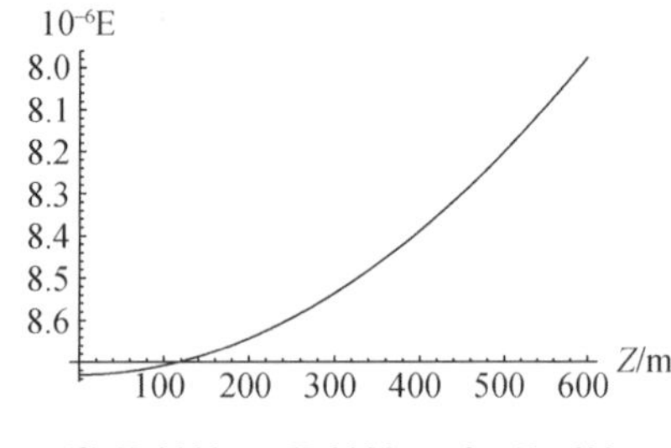

(f) X=3000m，Y=3000m，$0\leqslant Z\leqslant 600\text{m}$

图 6.4　重力梯度在 Z 方向的变化

6.3.2　舰艇下半部分海水质量亏损产生的重力梯度

1. 公式推导

此时计算区域为椭球内部，设椭球内部一个体元为 $dV = dxdydz$，则在空间一点 (X,Y,Z) 由该体元引起的引力位表达式为

$$V_2 = -G\rho\iiint \frac{dxdydz}{[(x-X)^2+(y-Y)^2+(z-Z)^2]^{1/2}} \tag{6.17}$$

式中，$\rho = 1.03\text{g/cm}^3$ 为海水密度；负号表示此处海水质量亏损。式(6.17)对 Z 求二阶导数，可得 (X,Y,Z) 处的重力垂直梯度为

$$V_{2zz} = -G\rho\iint \frac{-(X-x)^2-(Y-y)^2+2(Z-z)^2}{((X-x)^2+(Y-y)^2+(Z-z)^2)^{5/2}}dxdydz \tag{6.18}$$

在实际计算中，首先将式(6.18)变换为以下三重定积分：

$$V_{2zz} = -G\rho\int_{-b}^{b}dz\int_{-\sqrt{b^2-y^2}}^{\sqrt{b^2-y^2}}dy\int_{-a\sqrt{1-\frac{y^2}{b^2}-\frac{z^2}{b^2}}}^{a\sqrt{1-\frac{y^2}{b^2}-\frac{z^2}{b^2}}}\frac{-(X-x)^2-(Y-y)^2+2(Z-z)^2}{((X-x)^2+(Y-y)^2+(Z-z)^2)^{5/2}}dz \tag{6.19}$$

在 Mathematica 代数系统下可首先计算出对 z 的定积分，得到一个二重积分表达式，之后注意到该二重积分的积分区域为圆域 $y^2+z^2 \leqslant b^2$，此时可引入极坐标 $x=r\cos\theta, y=r\sin\theta$，积分范围相应变为 $0\leqslant r\leqslant b, 0\leqslant\theta\leqslant 2\pi$。考虑到舰艇半浮于水面，故只用计算椭球体下半部分体积所排开的海水的质量亏损，于是取积分区域 $0\leqslant r\leqslant b, 0\leqslant\theta\leqslant\pi$。给定计算点$(X,Y,Z)$后，在 Mathematica 代数系统中通过编程计算，即可得到海水质量亏损在该点处引起的总的重力垂直梯度。

2. 计算分析

以美国阿利伯克级驱逐舰为分析对象，为进一步说明分布在潜艇内部的海水质量亏损引起的重力垂直梯度在 X,Y,Z 方向的变化情况，本书对此进行了计算分析，并将变化趋势绘制成图，如下所示。

1) X 方向的变化情况

图 6.5～图 6.7 纵轴为相应点处的总的重力垂直梯度，以未来重力梯度仪的精度 10^{-6} E 计。

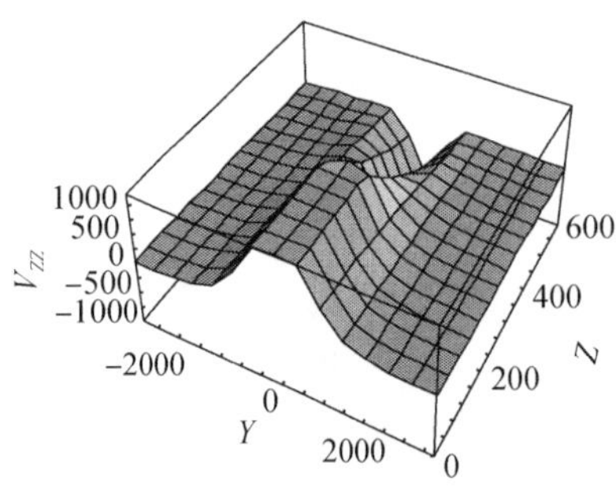

(a) X=500m，−3000m≤Y≤3000m，0≤Z≤600m

(b) X=1000m，−3000m≤Y≤3000m，0≤Z≤600m

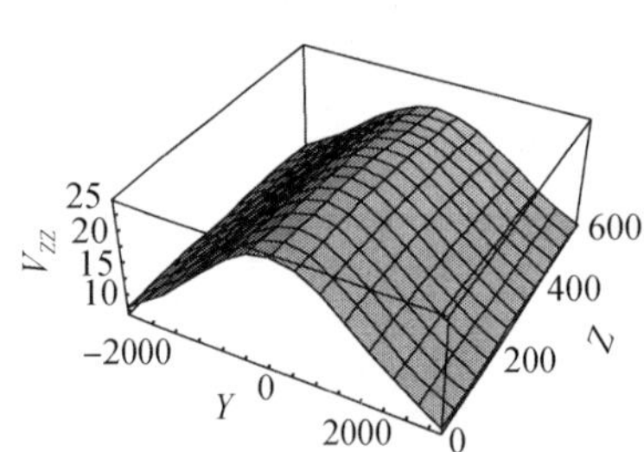

(c) X=3000m，−3000m≤Y≤3000m，0≤Z≤600m

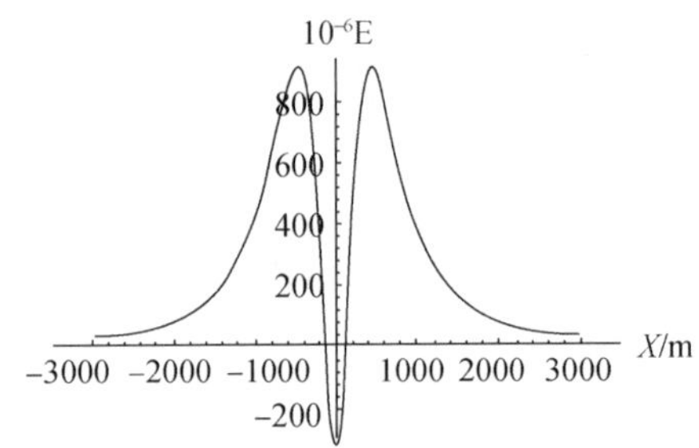

(d) Y=400m，Z=300m，−3000m≤X≤3000m

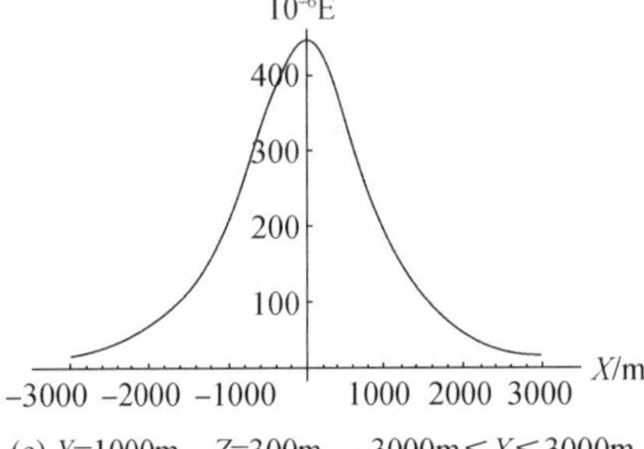

(e) Y=1000m，Z=300m，−3000m≤X≤3000m

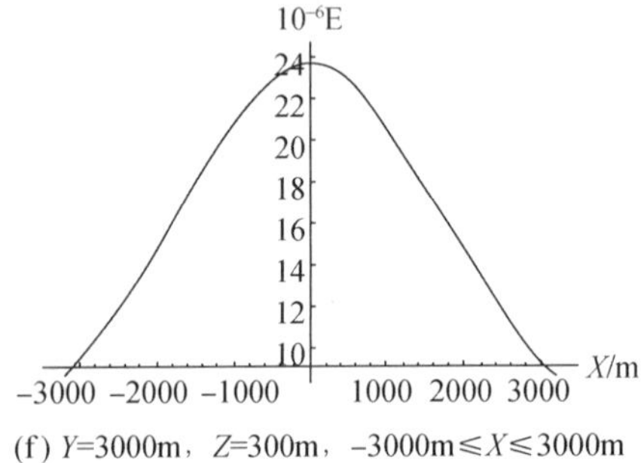

(f) Y=3000m，Z=300m，−3000m≤X≤3000m

图 6.5 重力梯度在 X 方向的变化

2）Y 方向的变化情况

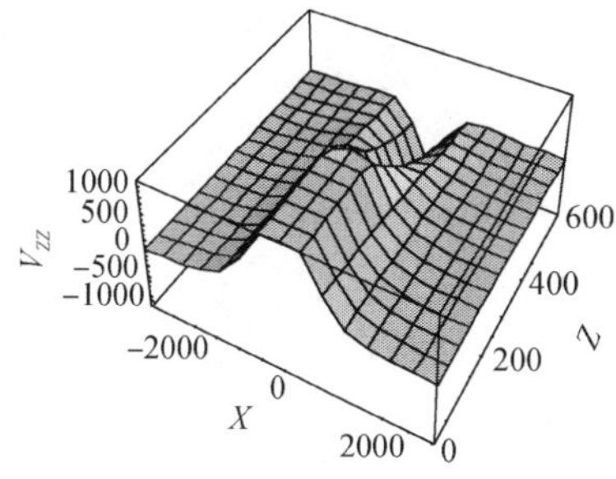

(a) Y=500m，−3000m≤X≤3000m，0≤Z≤600m

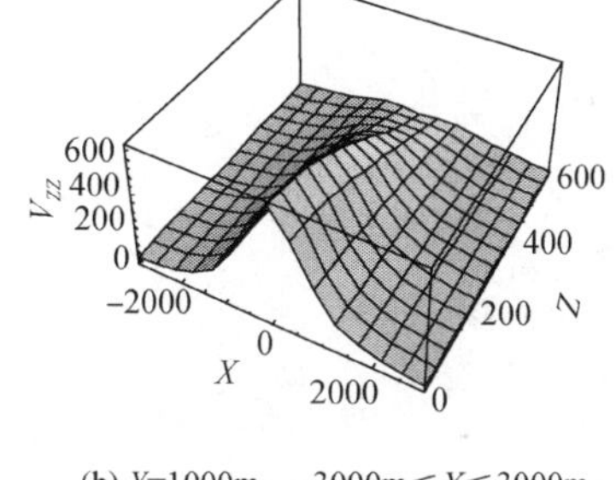

(b) Y=1000m，−3000m≤X≤3000m，0≤Z≤600m

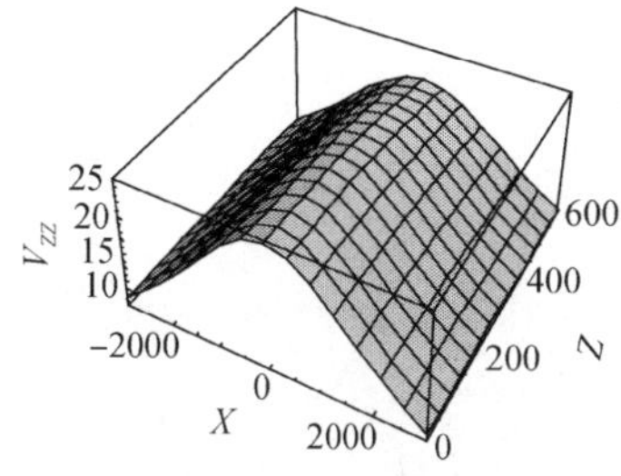

(c) Y=3000m，−3000m≤X≤3000m，0≤Z≤600m

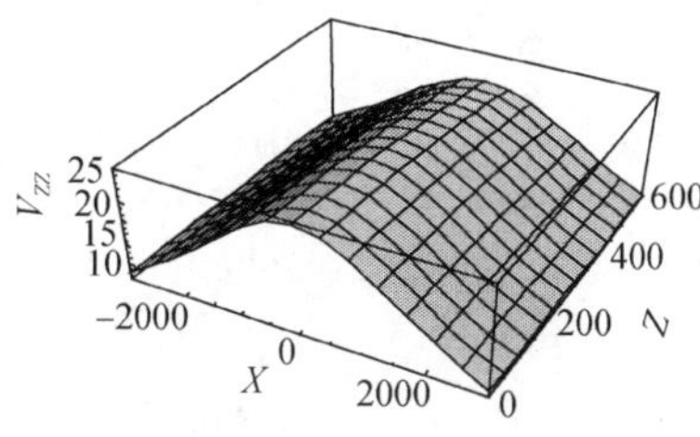

(d) Y=3000m，−3000m≤X≤3000m，0≤Z≤600m

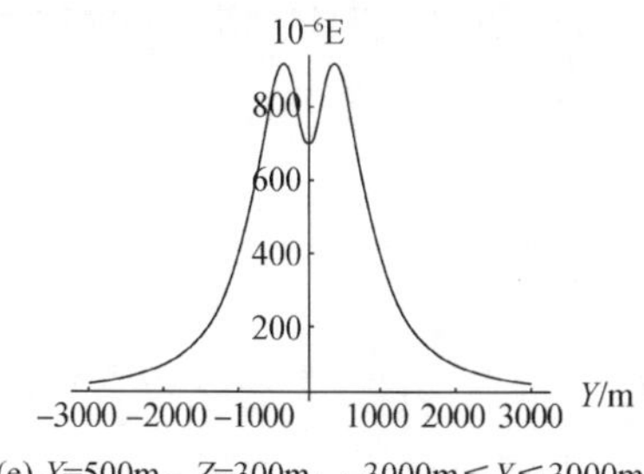

(e) X=500m，Z=300m，−3000m≤Y≤3000m

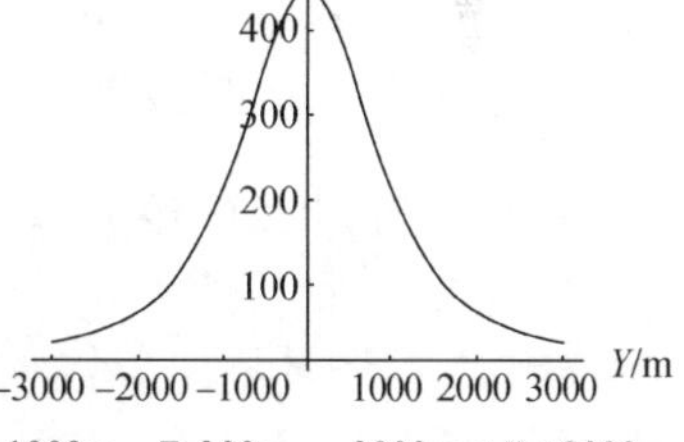

(f) X=1000m，Z=300m，−3000m≤Y≤3000m

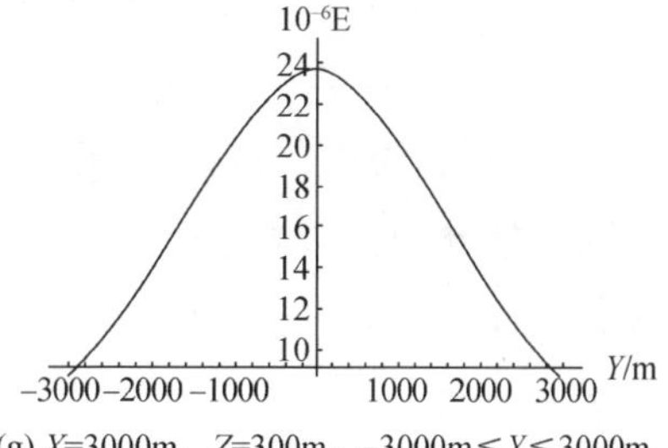

(g) X=3000m，Z=300m，−3000m≤Y≤3000m

图 6.6　重力梯度在 Y 方向的变化

3）Z 方向的变化情况

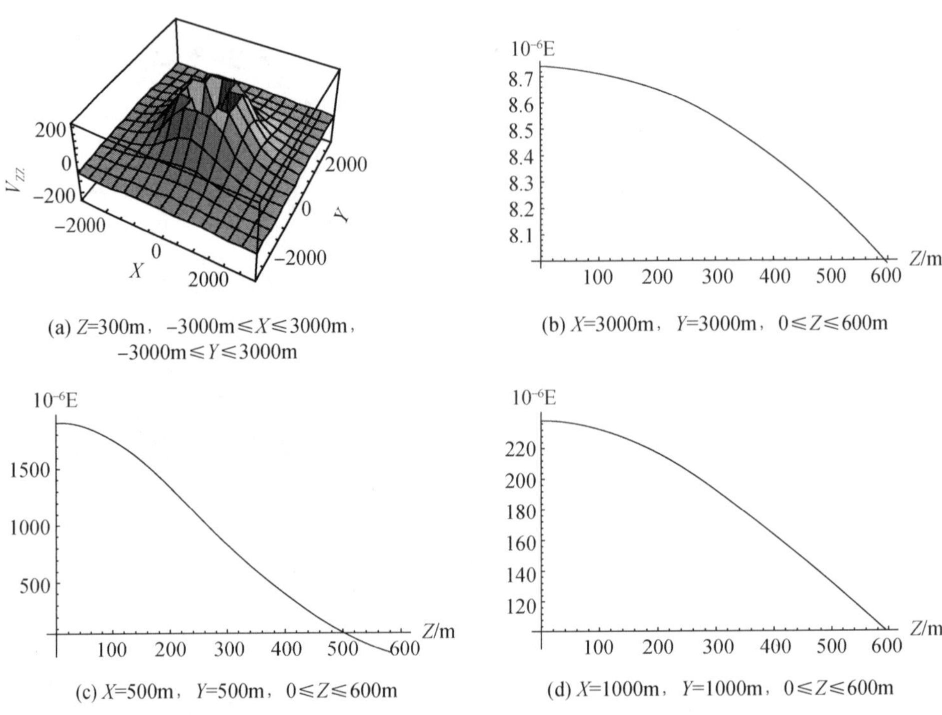

图 6.7　重力梯度在 Z 方向的变化

6.3.3　舰艇产生的总的重力垂直梯度

舰艇在重力梯度仪所在位置处引起的总重力垂直梯度 V_{zz} 包括分布在舰艇外壳上的质量产生的重力垂直梯度，以及水面以下舰艇排开海水而导致的内部质量亏损产生的重力垂直梯度，即 6.3.1 节和 6.3.2 节所分析的 V_{1zz} 与 V_{2zz} 的总和：

$$V_{zz}=V_{1zz}+V_{2zz} \tag{6.20}$$

仍然以美国阿利伯克级驱逐舰为例，为进一步说明舰艇产生的总的重力垂直梯度在 X，Y，Z 方向的变化情况，本书对其进行了计算分析，并将变化趋势绘制成图，如下所示（图 6.8～图 6.13，单位为 10^{-6}E）。

1）X 方向的变化情况

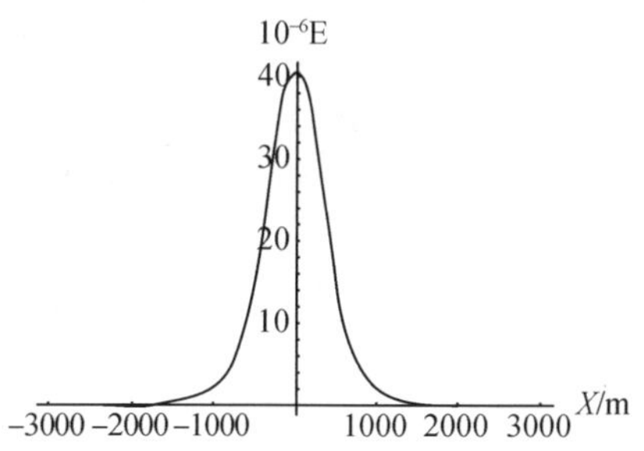

(a) Y=500m，Z=300m，−3000m≤X≤3000m

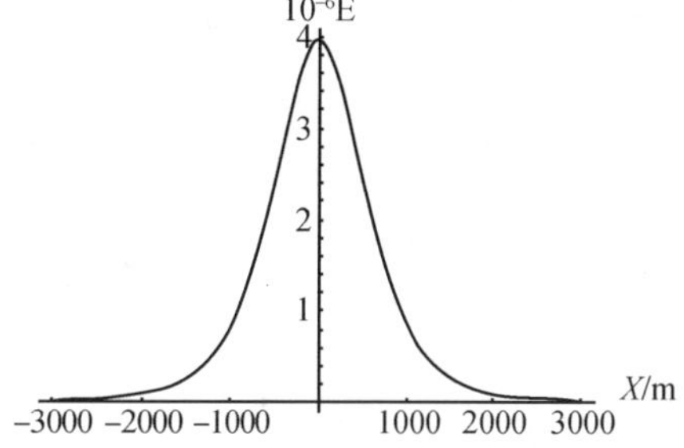

(b) Y=1000m，Z=300m，−3000m≤X≤3000m

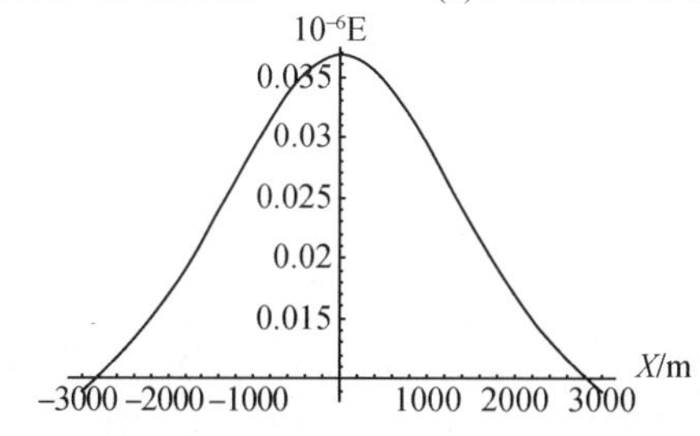

(c) Y=3000m，Z=300m，−3000m≤X≤3000m

图 6.8　重力垂直梯度在 X 方向变化的二维图

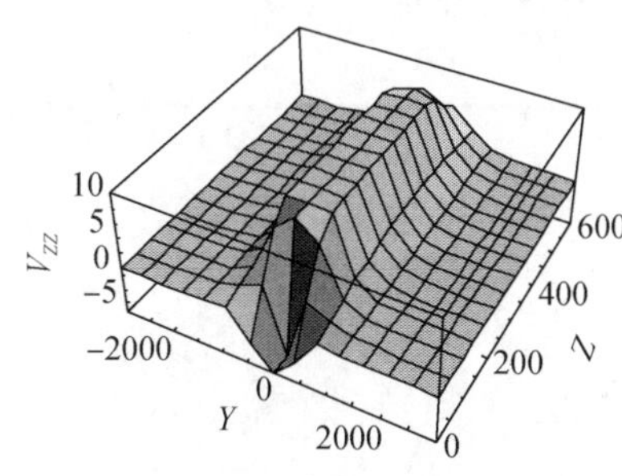

(a) X=500m，−3000m≤Y≤3000m，
0≤Z≤600m

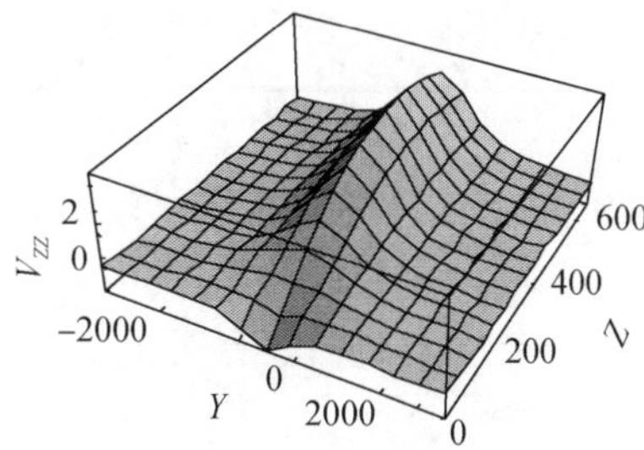

(b) X=1000m，−3000m≤Y≤3000m，
0≤Z≤600m

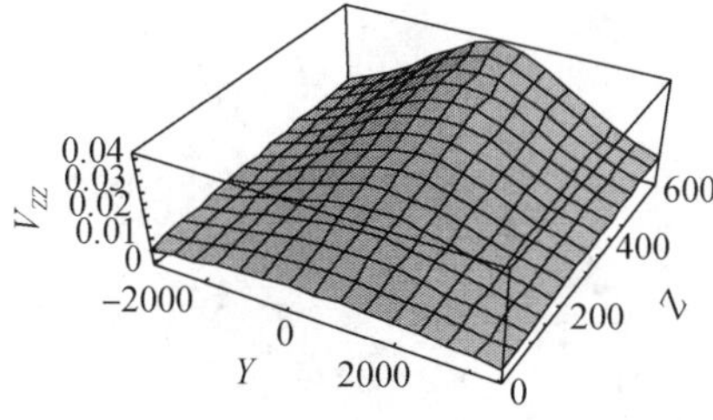

(c) X=3000m，−3000m≤Y≤3000m，
0≤Z≤600m

图 6.9　重力梯度在 X 方向变化的三维图

2）Y 方向的变化情况

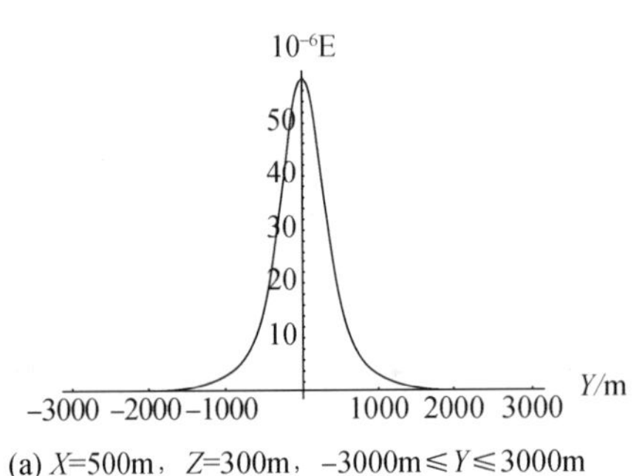

(a) X=500m，Z=300m，−3000m≤Y≤3000m

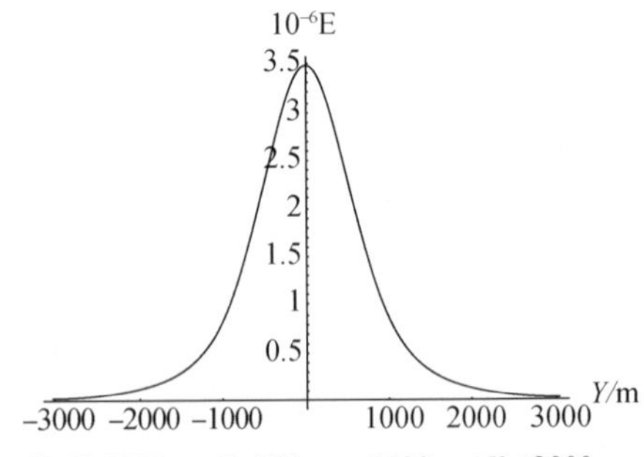

(b) X=1000m，Z=300m，−3000m≤Y≤3000m

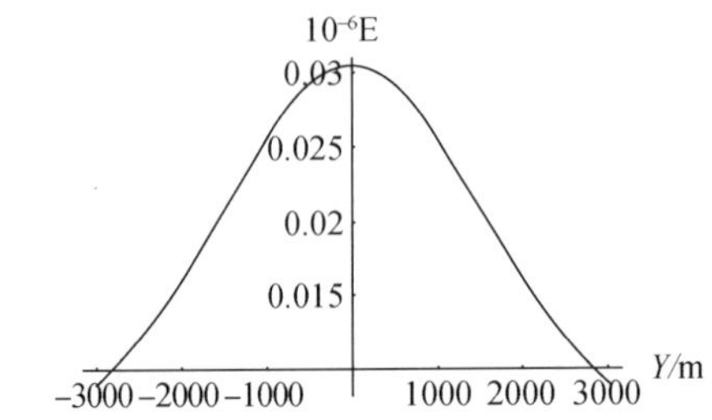

(c) X=3000m，Z=300m，−3000m≤Y≤3000m

图 6.10　重力梯度在 Y 方向变化的二维图

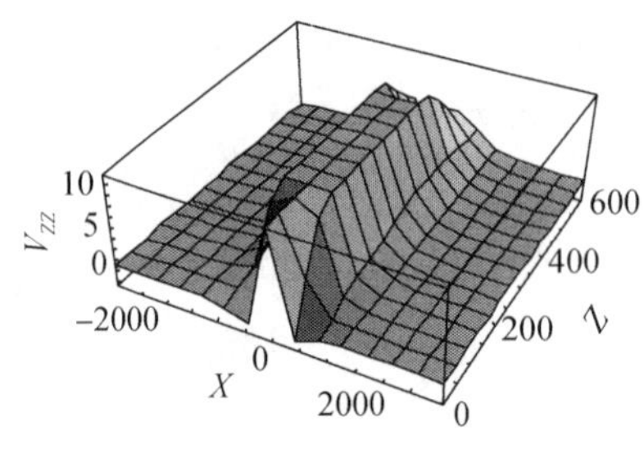

(a) Y=500m，−3000m≤X≤3000m，0≤Z≤600m

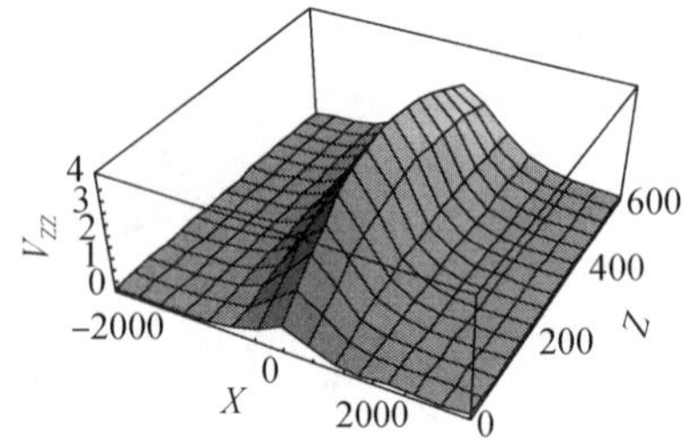

(b) Y=1000m，−3000m≤X≤3000m，0≤Z≤600m

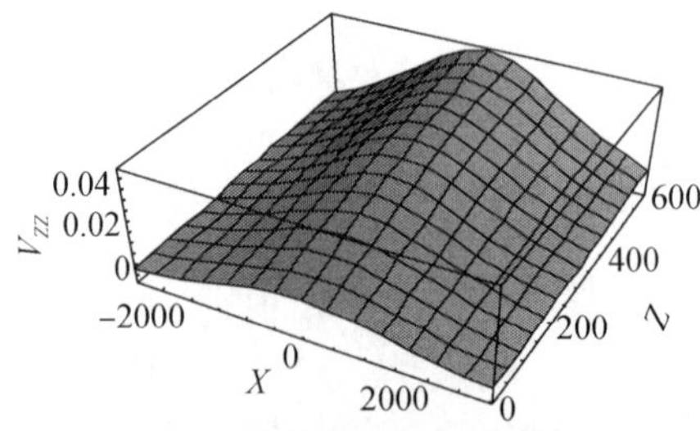

(c) Y=3000m，−3000m≤X≤3000m，0≤Z≤600m

图 6.11　重力梯度在 Y 方向变化的三维图

3）Z 方向的变化情况

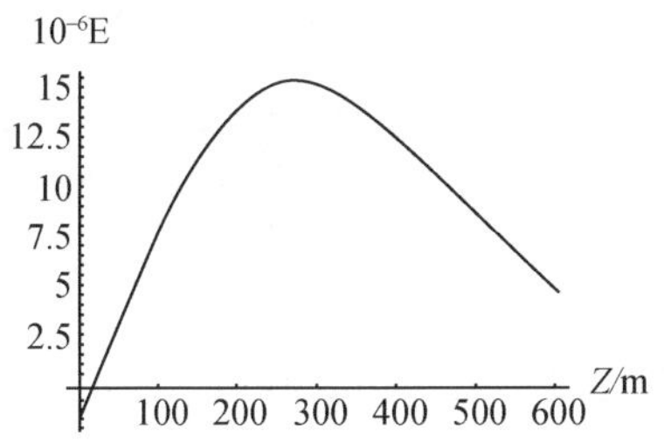

(a) X=500m，Y=500m，0≤Z≤600m

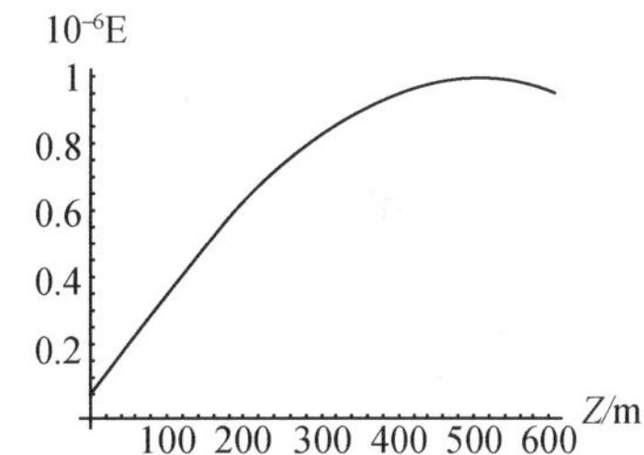

(b) X=1000m，Y=1000m，0≤Z≤600m

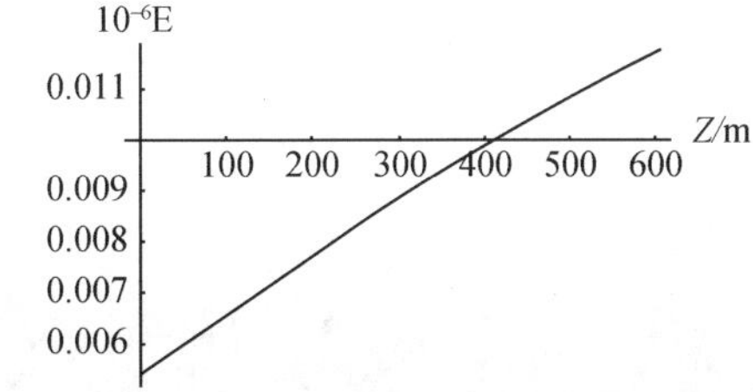

(c) X=3000m，Y=3000m，0≤Z≤600m

图 6.12　重力梯度在 Z 方向变化的二维图

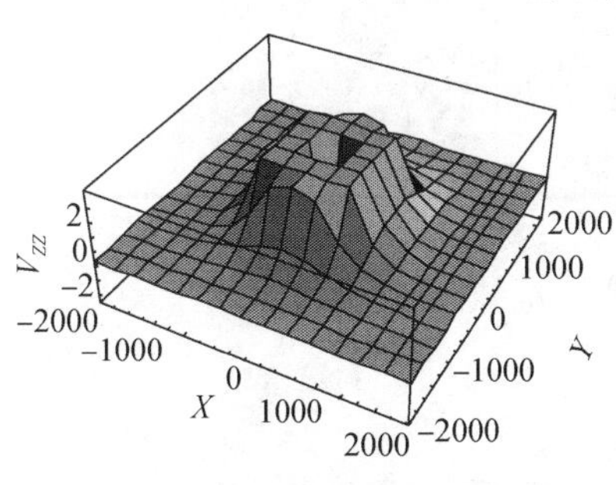

(a) Z=100m，−2000m≤X≤2000m，−2000m≤Y≤2000m

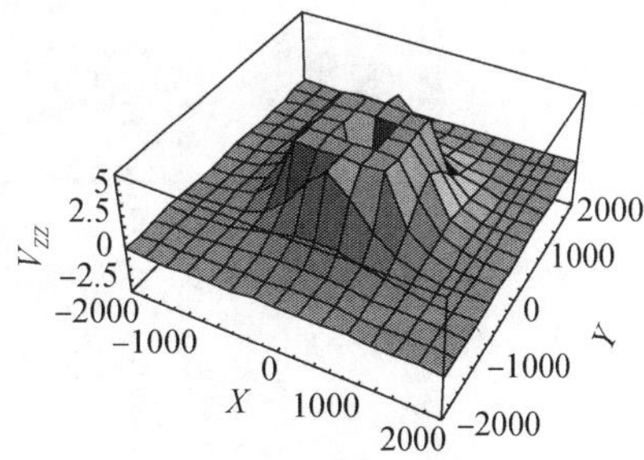

(b) Z=200m，−2000m≤X≤2000m，−2000m≤Y≤2000m

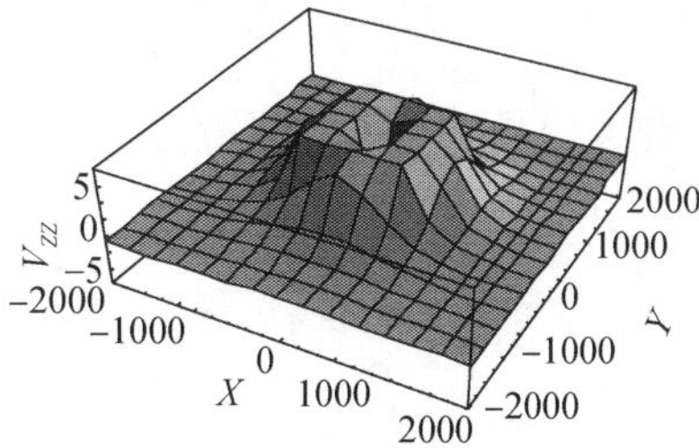

(c) Z=300m，−2000m≤X≤2000m，−2000m≤Y≤2000m

图 6.13　重力梯度在 Z 方向变化的三维图

从上述的绘图分析可以看出，由于舰艇内部中空导致对舰艇总梯度计算时的贡献为负值，因此对于一艘排量为 9000t 的舰艇产生重力梯度的量级不大，从计算分析来看，在 500m 左右的距离上重力梯度值约为 40×10^{-6}E，而随着距离的增加其梯度值更是快速地减小。

6.4　水下对水下的探测

以美国俄亥俄级弹道导弹核潜艇(图 6.14)为分析对象，该潜艇排水量为 16600t(水上)和 18700t(水下)，主尺度为 170.7m(长)×12.8m(宽)，下潜深度可达 300m，计算该潜艇在水下产生的重力梯度，并分析利用重力梯度测量在探测潜艇和避碰研究中的应用[112]。

图 6.14　美国俄亥俄级弹道导弹核潜艇

(http://baike.sogou.com/v66148343.html)

在分析时做以下假定：潜艇质量全部分布在外壳上；潜艇内部为空气。由质量分布调整引起的重力梯度包括以下两部分：外壳上的质量产生的重力梯度；海水质量亏损产生的重力梯度。

6.4.1　模型建立

潜艇的数学模型可取为一个旋转椭球体，并设该椭球体的方程为

$$\frac{x^2}{a^2}+\frac{y^2+z^2}{b^2}=1 \tag{6.21}$$

式中，a 为椭球长半径，m；b 为椭球短半径，m。假定该模型排水量 m 与潜艇一致，取海水密度 $\rho=1.03\ \mathrm{g/cm^3}$，则该椭球模型的体积为

$$V=\frac{m}{\rho}=\frac{4}{3}\pi ab^2 \tag{6.22}$$

取长半径 $a=\frac{170.7}{2}$ m，由式(6.22)可得该椭球模型的短半径 $b=7.13\mathrm{m}$。至此，该旋转椭球模型得以建立。

6.4.2　分布在潜艇外壳上的质量产生的重力梯度

1. 椭球表面积和面密度的确定

设该椭球的面密度为 σ，表面积为 S，则其表面积可按式(6.24)进行计算：

$$e=\sqrt{\frac{b^2-a^2}{b^2}} \tag{6.23}$$

$$S=2\pi b^2\left[\frac{1}{1-e^2}+\frac{1}{2e}\ln\frac{1+e}{1-e}\right] \tag{6.24}$$

在平衡状态，潜艇重力和所受浮力相等，即潜艇质量与排水量相等，于是可得

$$\sigma S=m \tag{6.25}$$

由式(6.24)可得潜艇表面积 $S=5.40542\times10^7\mathrm{cm^2}$。代入式(6.25)可得其面密度为

$$\sigma=345.949\mathrm{g/cm^2} \tag{6.26}$$

2. 潜艇外壳质量引起的重力垂直梯度计算公式

以椭球中心为坐标原点建立空间直角坐标系，取垂直向上为 Z 轴正方向，按右手法则规定指向艇艏的方向为 X 轴正方向，左舷方向为 Y 轴正方向。设椭球上一面元为 $\mathrm{d}S$，则在空间一点 (X,Y,Z) 由该面元引起的引力位表达式为

$$V_1=G\sigma\iint\frac{\mathrm{d}S}{r} \tag{6.27}$$

式中，$G=6.67\times10^{-8}\mathrm{m^3/(kg\cdot s^2)}$为万有引力常数；$r=\sqrt{(x-X)^2+(y-Y)^2+(z-Z)^2}$；$(x,y,z)$ 为面元坐标。

这里主要讨论重力垂直梯度(即引力位在 Z 方向的二阶导数)，式(6.27)对 Z 求二阶导数，可得 (X,Y,Z) 处的重力垂直梯度为

$$V_{1zz}=G\sigma\iint\frac{3\,(Z-z)^2-r^2}{r^5}\mathrm{d}S \tag{6.28}$$

式(6.28)为对面积的曲面积分,为便于计算,首先需要将该式转换为对坐标的曲面积分。

根据高等数学的有关知识,转换公式为

$$\iint_{\Sigma}f(x,y,z)\mathrm{d}S=\iint_{D_{xy}}f(x,y,z(x,y))\sqrt{1+z_x^2(x,y)+z_y^2(x,y)}\,\mathrm{d}x\mathrm{d}y \tag{6.29}$$

式中,假定曲面 Σ 的方程为 $z=z(x,y)$,相应的曲面面积元素 $\mathrm{d}S$ 就是 $\sqrt{1+z_x^2(x,y)+z_y^2(x,y)}\,\mathrm{d}x\mathrm{d}y$ 。在潜艇椭球模型中,椭球面在 yOz 平面上的投影为圆域 $y^2+z^2\leqslant b^2$。因此,可将椭球面方程假定为 $x=x(z,y)$,这样转换后的积分区域即为一圆域,便于积分的求解计算。

由 yOz 平面可将椭球体表面分为前后两部分,即

$$x=a\sqrt{1-\frac{y^2}{b^2}-\frac{z^2}{b^2}}\ ,\ x=-a\sqrt{1-\frac{y^2}{b^2}-\frac{z^2}{b^2}} \tag{6.30}$$

首先给出椭球前半部分引起的重力垂直梯度计算公式。

x 对 y ,z 的偏导数为

$$x_y=-\frac{ay}{b^2\sqrt{1-\frac{y^2}{b^2}-\frac{z^2}{b^2}}} \tag{6.31}$$

$$x_z=-\frac{az}{b^2\sqrt{1-\frac{y^2}{b^2}-\frac{z^2}{b^2}}} \tag{6.32}$$

根据式(6.29),可得椭球体前表面部分引起的重力垂直梯度为

$$\begin{aligned}V_{1zz1}&=G\sigma\iint\frac{3\,(Z-z)^2-r^2}{r^5}\sqrt{1+x_y^2+x_z^2}\,\mathrm{d}y\mathrm{d}z\\&=G\sigma\iint\frac{\sqrt{\frac{b^4+(a^2-b^2)(y^2+z^2)}{b^2-y^2-z^2}}\left(-(Y-y)^2+2\,(Z-z)^2-\left(X-\frac{a}{b}\sqrt{b^2-y^2-z^2}\right)^2\right)}{b\left((Y-y)^2+(Z-z)^2-\left(X-\frac{a}{b}\sqrt{b^2-y^2-z^2}\right)^2\right)^{5/2}}\mathrm{d}y\mathrm{d}z\end{aligned} \tag{6.33}$$

类似地,可得椭球体后表面部分引起的重力垂直梯度为

$$V_{1zz2}=G\sigma\iint\frac{\sqrt{\frac{b^4+(a^2-b^2)(y^2+z^2)}{b^2-y^2-z^2}}\left(-(Y-y)^2+2\,(Z-z)^2-\left(X+\frac{a}{b}\sqrt{b^2-y^2-z^2}\right)^2\right)}{b\left((Y-y)^2+(Z-z)^2+\left(X+\frac{a}{b}\sqrt{b^2-y^2-z^2}\right)^2\right)^{5/2}}\mathrm{d}y\mathrm{d}z \tag{6.34}$$

因此,潜艇外壳质量引起的总的重力垂直梯度为前后两部分的总和,即

$$V_{1zz} = V_{1zz1} + V_{1zz2} \tag{6.35}$$

考虑到积分区域为 $y^2 + z^2 \leqslant b^2$,此时可引入极坐标 $y = r\cos\theta, z = r\sin\theta$,积分范围相应变为 $0 \leqslant r \leqslant b, 0 \leqslant \theta \leqslant 2\pi$。给定计算点(X,Y,Z)后,在 Mathematica 代数系统中通过编程计算,即可得到潜艇外壳质量在该点处引起的总的重力垂直梯度。

3. 计算分析

以美国俄亥俄级弹道导弹核潜艇为分析对象,为进一步说明分布在潜艇外壳上的质量引起的总的重力垂直梯度在 X , Y , Z 方向的变化情况,本书对此进行了计算分析,并将变化趋势绘制成图,如图 6.15～图 6.17 所示。

1) X 方向的变化情况,$Z=300$m

纵轴为相应点处的总的重力垂直梯度,以未来重力梯度仪可以达到 10^{-6} E 的精度水平为标准。

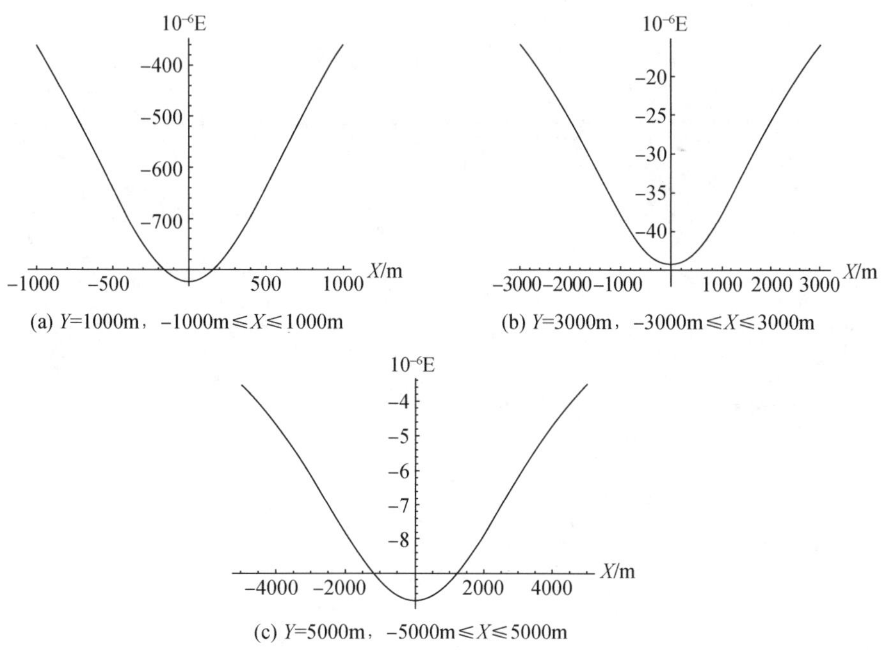

图 6.15　重力垂直梯度在 X 方向变化示意图

2）Y 方向的变化情况，$Z=300\text{m}$

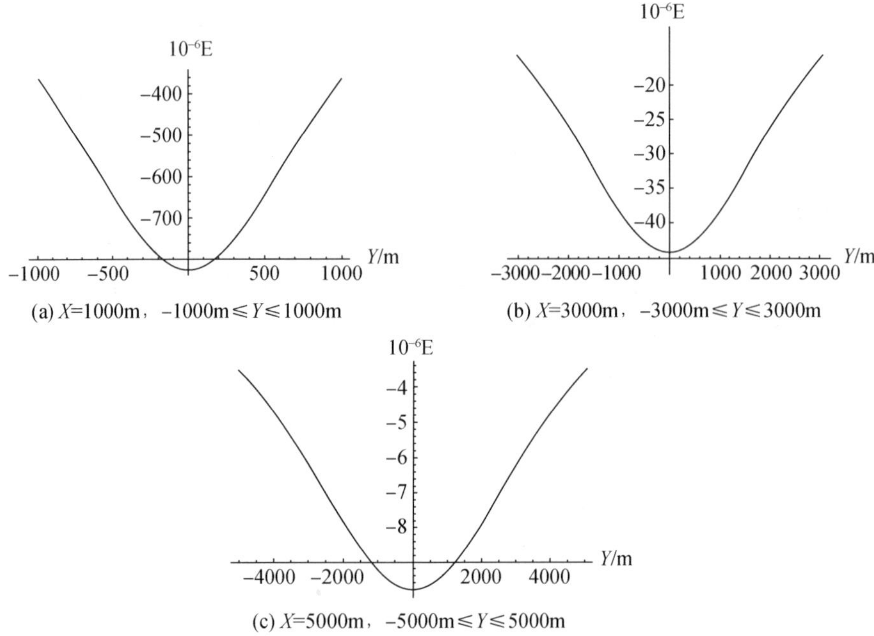

图 6.16 重力垂直梯度在 Y 方向变化示意图

3）Z 方向的变化情况，$-300\text{m}\leqslant Z\leqslant 300\text{m}$

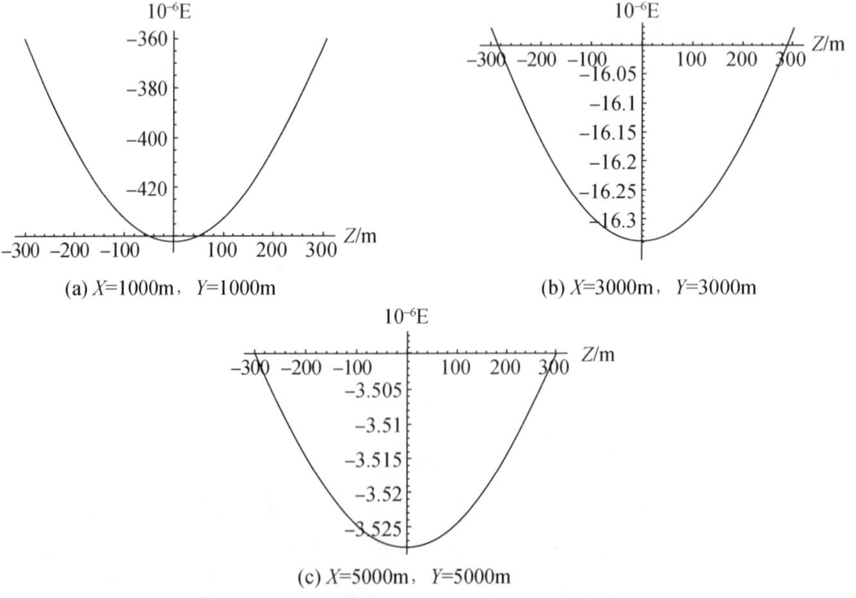

图 6.17 重力垂直梯度在 Z 方向变化示意图

6.4.3　潜艇内部海水质量亏损产生的重力梯度

1. 海水质量亏损产生的重力梯度的计算公式

此时计算区域为椭球内部，设椭球内部任一体元为 $\mathrm{d}V=\mathrm{d}x\mathrm{d}y\mathrm{d}z$，则在空间一点 (X,Y,Z) 处由该体元引起的引力位表达式为

$$V_2=-G\rho\iiint\frac{\mathrm{d}x\mathrm{d}y\mathrm{d}z}{r}\tag{6.36}$$

式中，$\rho=1.03\ \mathrm{g/cm^3}$ 为海水密度；负号表示此处海水质量亏损。式(6.36)对 Z 求二阶导数，可得 (X,Y,Z) 处的重力垂直梯度为

$$V_{2zz}=-G\rho\iiint\frac{3\,(Z-z)^2-r^2}{r^5}\mathrm{d}x\mathrm{d}y\mathrm{d}z\tag{6.37}$$

在实际计算中，首先将式(6.36)变换为以下三重定积分：

$$V_{2zz}=-G\rho\int_{-b}^{b}\mathrm{d}z\int_{-\sqrt{b^2-y^2}}^{\sqrt{b^2-y^2}}\mathrm{d}y\int_{-a\sqrt{1-\frac{y^2}{b^2}-\frac{z^2}{b^2}}}^{a\sqrt{1-\frac{y^2}{b^2}-\frac{z^2}{b^2}}}\frac{3\,(Z-z)^2-r^2}{r^5}\mathrm{d}x\tag{6.38}$$

在 Mathematica 代数系统下可首先计算出对 x 的定积分得到二重积分表达式，之后注意到该二重积分的积分区域为圆域 $y^2+z^2\leqslant b^2$，此时可引入极坐标 $y=r\cos\theta$，$z=r\sin\theta$，积分范围相应变为 $0\leqslant r\leqslant b$，$0\leqslant\theta\leqslant 2\pi$。给定计算点 (X,Y,Z) 后，在 Mathematica 代数系统中通过编程计算，可得到海水质量亏损在该点处引起的总的重力垂直梯度。

2. 计算分析

以美国俄亥俄级弹道导弹核潜艇为分析对象，为进一步说明潜艇内部的海水质量亏损引起的重力垂直梯度在 X，Y，Z 方向的变化情况，本书对此进行了计算分析，并将变化趋势绘制成图，如图 6.18～图 6.20 所示。纵轴为相应点处的总的重力垂直梯度，以未来重力梯度仪精度达到 10^{-6} E 计。

1) X 方向的变化情况，$Z=300\text{m}$

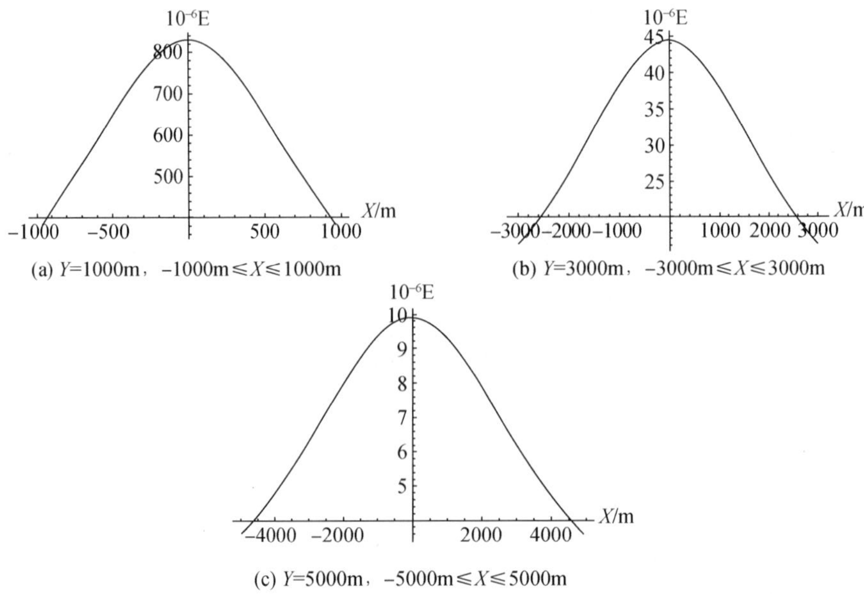

(a) Y=1000m，−1000m≤X≤1000m　(b) Y=3000m，−3000m≤X≤3000m

(c) Y=5000m，−5000m≤X≤5000m

图 6.18　重力垂直梯度在 X 方向变化示意图

2) Y 方向的变化情况，$Z=300\text{m}$

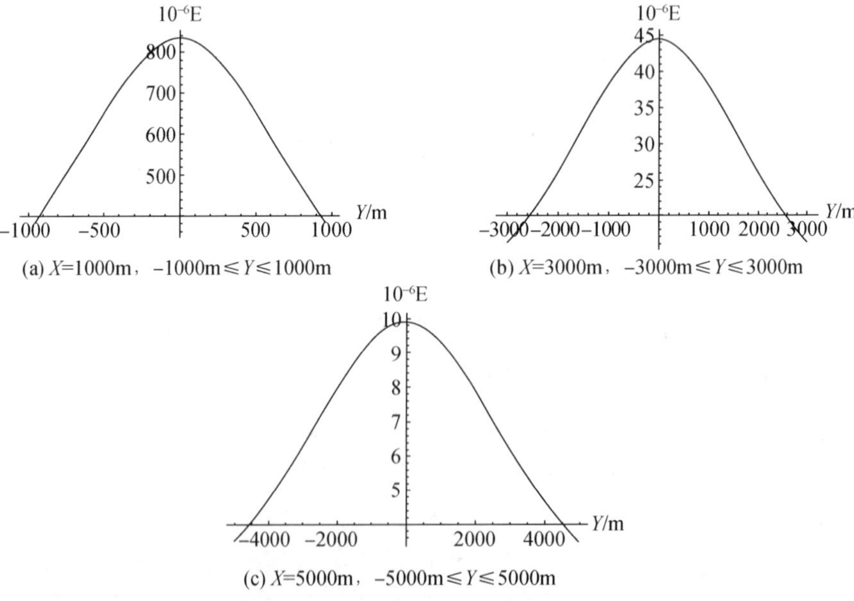

(a) X=1000m，−1000m≤Y≤1000m　(b) X=3000m，−3000m≤Y≤3000m

(c) X=5000m，−5000m≤Y≤5000m

图 6.19　重力垂直梯度在 Y 方向变化示意图

3) Z 方向的变化情况，$-300\text{m} \leqslant Z \leqslant 300\text{m}$

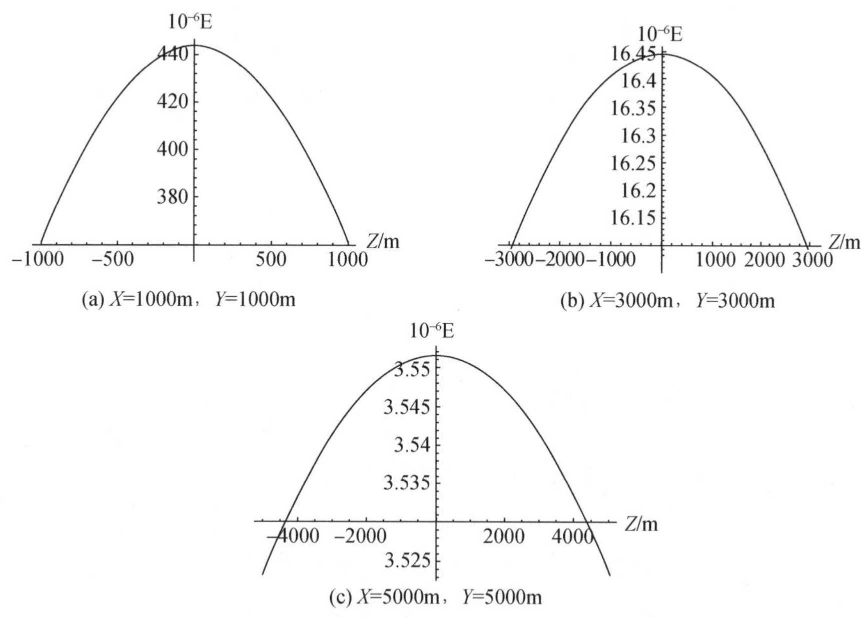

图 6.20　重力垂直梯度在 Z 方向变化示意图

6.4.4　潜艇产生的总的重力垂直梯度

潜艇产生的总的重力垂直梯度 V_{zz} 包括分布在潜艇外壳上的质量产生的重力垂直梯度和内部海水质量亏损产生的重力垂直梯度，即 $V_{zz} = V_{1zz} + V_{2zz}$。

以美国俄亥俄级弹道导弹核潜艇为分析对象，为进一步说明潜艇产生的总的重力垂直梯度在 X，Y，Z 方向的变化情况，本书对此进行了计算分析，并将变化趋势绘制成图，如图 6.21～图 6.23 所示。

1) X 方向的变化情况，$Z=300\text{m}$

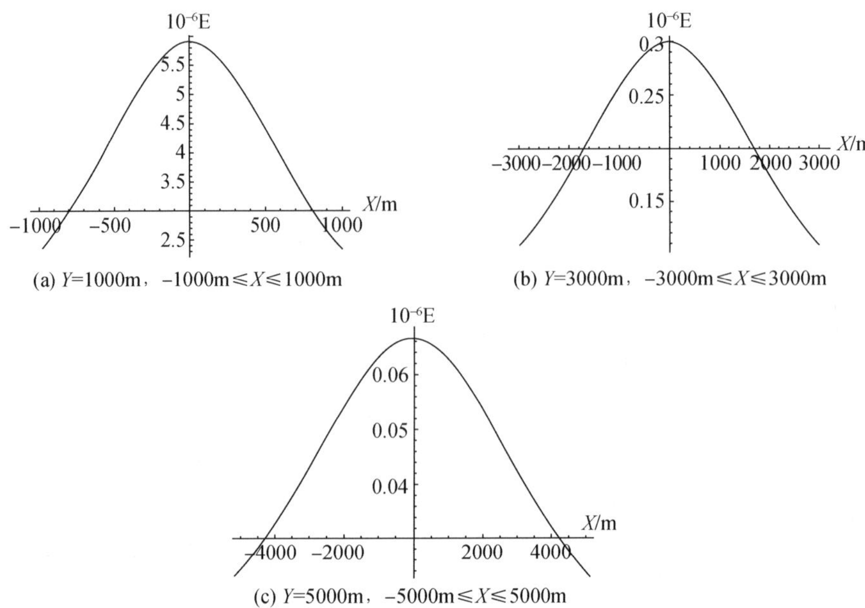

图 6.21　重力垂直梯度在 X 方向变化示意图

2) Y 方向的变化情况，$Z=300\text{m}$

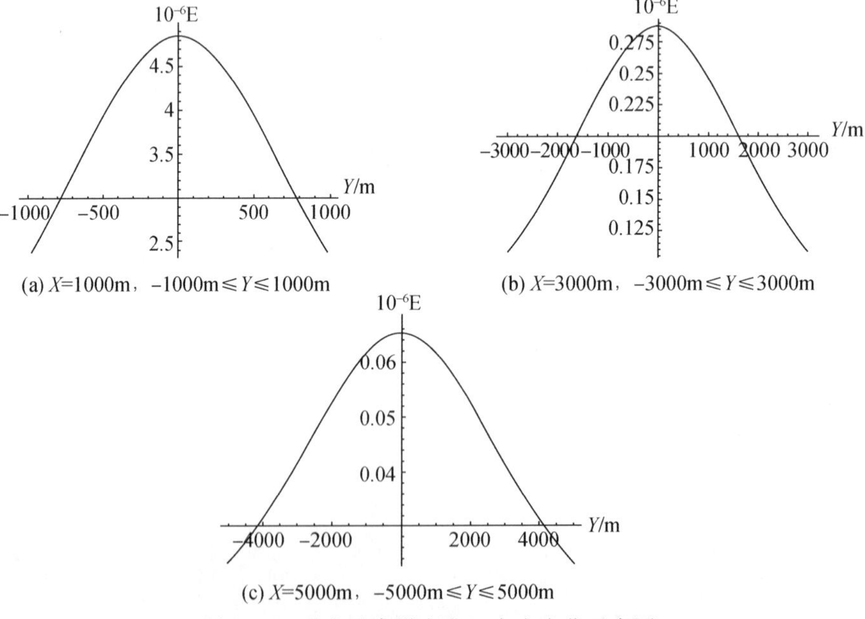

图 6.22　重力垂直梯度在 Y 方向变化示意图

3) Z 方向的变化情况，$-300\text{m} \leqslant Z \leqslant 300\text{m}$

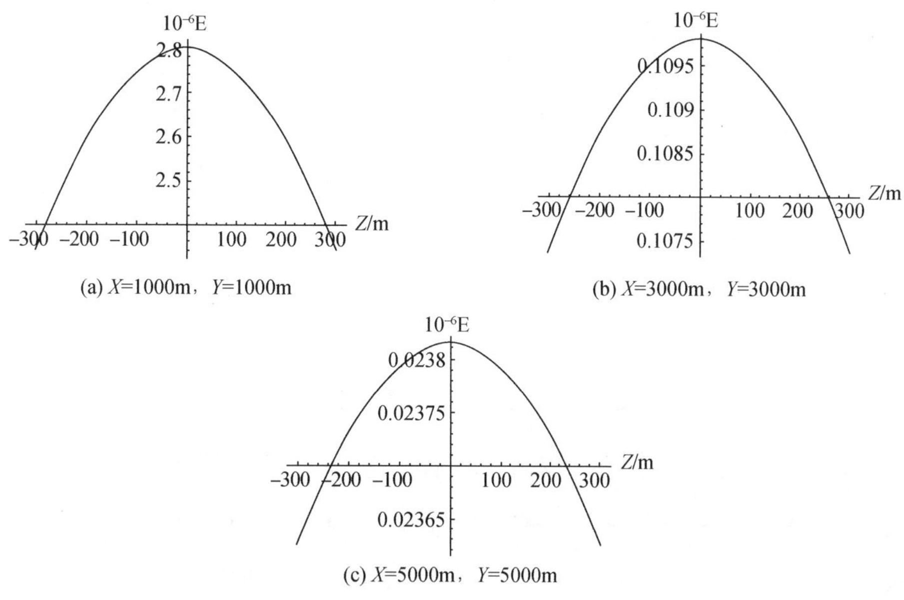

图 6.23　重力垂直梯度在 Z 方向变化示意图

以美国俄亥俄级弹道导弹核潜艇为研究对象，建立了计算模型，推导得到了该潜艇引起的重力垂直梯度计算公式，借助 Mathematica 代数系统分析了重力垂直梯度在坐标轴方向的变化情况。计算表明，当该潜艇下潜深度达 300m 时，在其周围 1 海里范围内产生的重力垂直梯度为 10^{-6}E 量级，当重力梯度仪的精度达到或超过该量级时，是可以实现探潜的。

6.5　对水下固定障碍物的探测

基于本书 6.2 节所述的重力梯度探测的基本原理，本节利用这一简单朴素的思想，设计并计算以圆锥形海山为代表的水下固定障碍物在其周围一定范围内引起的引力梯度的大小，分析利用重力梯度观测对其探测的可能性。

6.5.1　探测计算过程

计算条件为设某平坦区域存在一圆锥形海底地形(图 6.24)，其几何参数为：底面半径 $R=500\text{m}$，坡度为 45°，凸起地形的密度为 $2.67\times10^3\text{kg/m}^3$，且锥形地形的顶部距海面为 20m，因为该地形被海水包围，所以其周围的重力梯度是由其与海水密度之差的剩余质量引起的，设海水的平均密度为 1.03×10^3 kg/m^3，则该凸起地形与海水密度之差的剩余密度为 $2.67\times10^3-1.03\times10^3=1.64\times10^3$ (kg/m^3)。

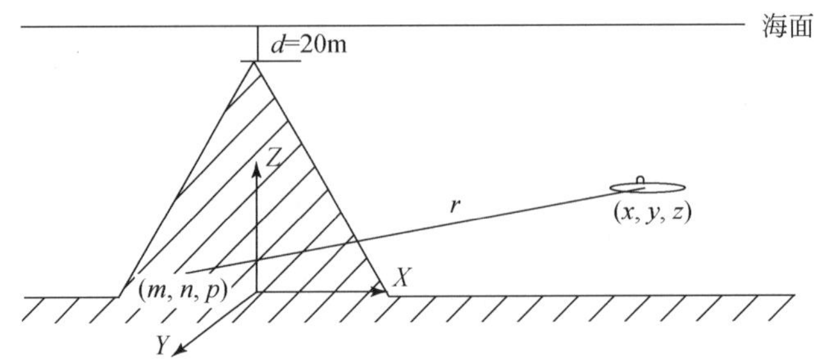

图 6.24 锥形地形在一定距离上产生重力梯度示意图

为计算该地形引起重力梯度的大小，建立坐标系如下：以其底面的圆心处为原点、天顶方向为 Z 轴、北方向为 X 轴、东方向为 Y 轴建立直角坐标系，则圆锥方程可表示为 $\sqrt{x^2+y^2}+z-R=0, z\geqslant 0$，为了积分计算，设圆锥体中某一体元的坐标为 (m,n,p)，则该锥形地形对锥体外坐标为 (X,Y,Z) 的某一流动点（介于海面与海底之间）产生的引力位为

$$V=G\Delta\rho\iiint\frac{\mathrm{d}V}{r} \tag{6.39}$$

式中，$G=6.67\times10^{-11}\mathrm{m}^3/(\mathrm{kg}\cdot\mathrm{s}^2)$ 为万有引力常数；r 为流动点距离圆锥形中某体元的距离，且 $r=\sqrt{(x-m)^2+(y-n)^2+(z-p)^2}$。

由于垂直梯度在实际应用中比较广泛，因此本书以垂向引力梯度为例阐述其计算方法。由于重力梯度是位函数的二阶导数，因此对式(6.39)的位函数求 Z 方向的二阶导数，即可得到锥形地形在流动点 (X,Y,Z) 处引起的垂直梯度表达式：

$$T_{zz}=G\Delta\rho\iiint\frac{3(Z-p)^2-r^2}{r^5}\mathrm{d}m\mathrm{d}n\mathrm{d}p \tag{6.40}$$

将积分限代入式(6.40)，并完成对 X,Y,Z 三个方向的积分后，即可得到流动点处的重力梯度值：

$$T_{zz}=G\Delta\rho\int_0^R\mathrm{d}m\int_0^{\sqrt{R^2-X^2}}\mathrm{d}n\int_0^{R-\sqrt{X^2+Y^2}}\frac{3(Z-p)^2-r^2}{r^5}\mathrm{d}p \tag{6.41}$$

在实际计算过程中对式(6.41)的积分计算非常复杂，为了简化计算过程，可以通过分步积分来完成，首先完成 Z 方向的积分：

$$\int_0^{R-\sqrt{X^2+Y^2}} \frac{3\,(Z-p)^2-r^2}{r^5}\mathrm{d}p \tag{6.42}$$

式(6.42)的积分过程人工推导起来非常困难，为此本书的计算过程借助于计算机代数系统 Mathematica 来实现，由式(6.42)完成 Z 方向的定积分后，式(6.41)就简化为二重积分，之后注意到该二重积分的积分区域为圆域 $y^2+x^2\leqslant R^2$，此时引入极坐标进行变换 $X=t\cos\theta, Y=t\sin\theta$，积分范围相应变为 $0\leqslant t\leqslant 500, 0\leqslant\theta\leqslant 2\pi$。即便是在计算机代数系统中也很难计算得到符号形式的解，为此利用数值积分等复杂的数学分析过程对其进行解算。计算不同潜深、从不同方向驶向障碍地形并罗列如表 6.1 所示。

表 6.1 锥形地形在不同深度、不同方向上引起的梯度值

距离 / 水深	$X=300\text{m}, -1500\leqslant Y\leqslant 1500\text{m}$			
	T_{zz} 最大值	T_{zz} 最小值	T_{xx} 最大值	T_{xx} 最小值
20m	96.699E	−7.287E	5.853E	−21.259E
270m	62.688E	−49.589E	238.972E	−20.514E

6.5.2 计算结果的可视化分析

为了将计算结果中重力梯度随距离变化的情况直观地描述出来，本书利用先进的计算机代数系统的绘图功能，通过编程绘制了相应的曲线，考虑到水下载体在运动时相对于海底地形的位置具有多种可能性，本书计算了载体在不同潜深、沿不同方向相对于障碍物运动的情形，其中分别固定 X 和 Z 及固定 Y 和 Z 的情形绘图如图 6.25 和图 6.26 所示。

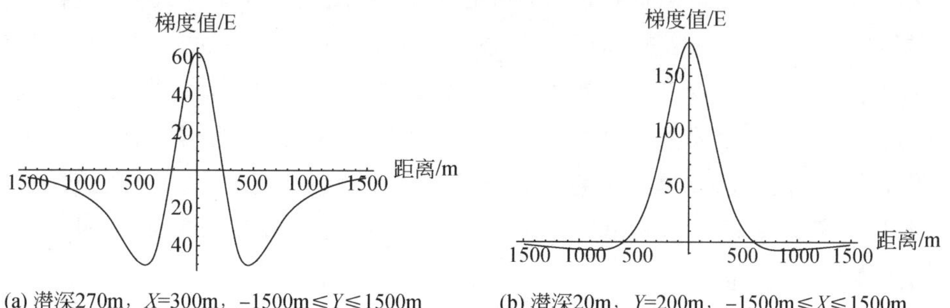

(a) 潜深270m，X=300m，−1500m≤Y≤1500m　(b) 潜深20m，Y=200m，−1500m≤X≤1500m

图 6.25 T_{zz} 随距离变化曲线

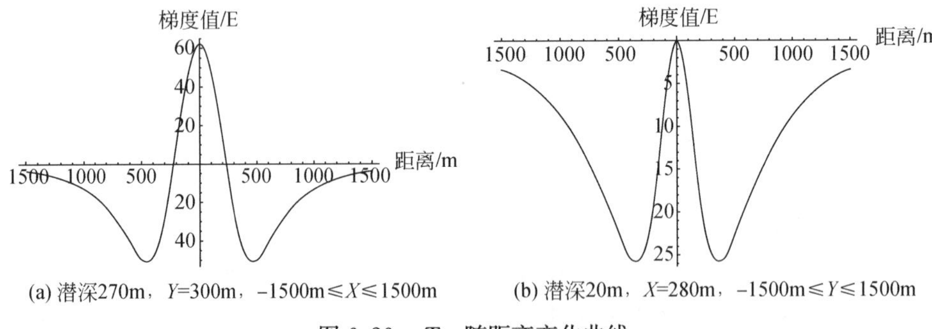

(a) 潜深270m，Y=300m，−1500m≤X≤1500m　　(b) 潜深20m，X=280m，−1500m≤Y≤1500m

图 6.26　T_{xx} 随距离变化曲线

由图 6.25 和图 6.26 及表 6.1 可以看出，由于重力梯度与距离的三次方成反比，当载体接近障碍地形时，重力梯度仪的输出随距离减小而急剧增大。在图 6.25(a)中对应于载体潜深为 270m 的情形，在距离障碍地形垂向中心线（Z 轴方向）1529m 的位置，梯度值就达到了 4.07E，在距离 500m 的位置则达到了 48.97E，在距离 300m 的位置更是达到了 62.69E。在图 6.25(b)中，设定载体航行的潜深为 20m，在距离障碍地形垂向中心线 200m 的位置，梯度值高达 181.25E。这样的数量级完全可以被目前常规的重力梯度仪探测到。相关报道表明，美国马里兰大学研制的超导重力梯度仪处于国际领先水平，其仪器的测量精度可以达到 10^{-4}E[43]，因此在载体上配备有重力梯度仪时，在载体航行的过程中就可以通过梯度仪的输出值变化，判读周围是否有障碍地形出现，并且由于障碍地形产生的梯度值的量级较大，因此可以提前预警，在载体有效机动范围内避开障碍物，确保载体安全航行。由于重力梯度仪可以观测到 5 个独立的梯度分量，因此在实际应用中可以灵活地选择不同方向上的组合，从而有效地实现避碰。

本书基于朴素简单的原理提出了利用重力梯度测量对水下障碍地形进行探测避碰的方法。研究结果表明，即使小规模的海底地形在 1500m 的距离上产生的梯度就可达到 4E 以上，在载体有效机动避开障碍物的安全距离内梯度值更是达到了几十厄特弗斯。从目前重力梯度仪的测量精度来看，利用其探测障碍物并实现避碰是完全可行的。该技术的研究为水下载体的安全航行提供了一个新的技术途径，且该技术具有无源、全天候的特征，可以满足军事应用及特殊领域的应用需求，具有重要的应用价值。

6.6　探测中的定位、定向

如 6.3 节～6.5 节所述，利用重力梯度测量可以探测到载体周围可能有障碍物的存在，但是这还不足以为潜艇的机动避险提供依据，为了安全航行还必须确定障碍物相对于载体的方位和距离等参数，而这些参数的取值可以通过重力梯度仪的输出来确定。如第 2 章所述，全张量重力梯度仪的输出值中有 5 个是独立的，可以通过该输出值的组合来实现对目标定位、定向的探测。

在图 6.27 所示的直角坐标系中，以其坐标原点为基点建立球坐标系，为了确定障碍物相对于载体的位置，需要确定 (θ,φ,R) 3 个参数。以下研究通过梯度仪输出值的组合来推导这 3 个参数。

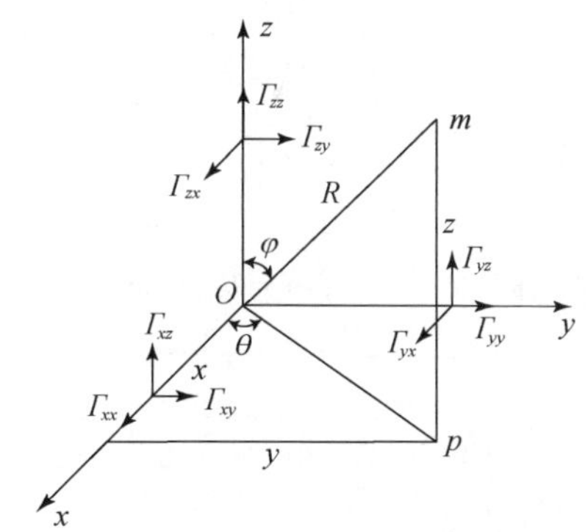

图 6.27　重力梯度仪探测定向的坐标示意图

利用重力梯度观测探测障碍物的过程如下：首先任意形态物体所引起的重力异常可表述为

$$
\begin{aligned}
\Delta g(x,y) &= G\iiint \frac{\Pi(\varepsilon,\eta,\zeta)\rho(\varepsilon,\eta,\zeta)(\zeta-z)}{[(\zeta-z)^2+(\eta-y)^2+(\zeta-z)^2]^{3/2}}\mathrm{d}\varepsilon\mathrm{d}\eta\mathrm{d}\zeta \\
&= G\iiint \Pi(q)\rho(q)K(p,q)\mathrm{d}\varepsilon\mathrm{d}\eta\mathrm{d}\zeta
\end{aligned} \tag{6.43}
$$

式中，$\Pi(\varepsilon,\eta,\zeta)$ 为物体的形态函数，由物体边界确定，又称物体边界位置函数，该函数在物体内值为 1，在物体外值为 0，呈阶梯状；$\rho(\varepsilon,\eta,\zeta)$ 为物体密度分布函数；G 为万有引力常数。

由观测面上障碍物导致的重力异常 $\Delta g(x,y)$ 及其导数的分布，在给定特定约束（如密度、形态）的定解条件下，反演物体的密度参数和几何参数。目前局部重力异常反演方法有多种，而积分反演方法既可以求解均匀规则物体的反演问题，又可以用于求解任意密度与横截面有限二度体和任意密度与形态三度体的总质量、质量重心位置，适用于异常数据位于直线或平面上，综合考虑计算效率、复杂度和适用性，本书将选择积分反演法来进行研究[113～115]。

设载体上方有一质量为 m 的密度异常体对重力梯度仪测站处的重力位为 Φ ，在忽略地球自转惯性离心力的作用下，有

$$\Phi=\frac{Gm}{r}=\frac{Gm}{\sqrt{(\varepsilon-x)^2+(\eta-y)^2+(\zeta-z)^2}} \tag{6.44}$$

对其取 z 方向的二次导数，可得

$$\frac{\partial^2\Phi}{\partial z^2}=Gm\,\frac{2\,(\zeta-z)^2-(\varepsilon-x)^2-(\eta-y)^2}{[(\varepsilon-x)^2+(\eta-y)^2+(\zeta-z)^2]^{5/2}} \tag{6.45}$$

由此可得密度异常体引起的重力垂直梯度为

$$\Gamma_{zz}=G\iiint\frac{2\,(\zeta-z)^2-(\varepsilon-x)^2-(\eta-y)^2}{[(\varepsilon-x)^2+(\eta-y)^2+(\zeta-z)^2]^{5/2}}\delta_i\,\mathrm{d}\varepsilon\mathrm{d}\eta\mathrm{d}\zeta \tag{6.46}$$

与垂向梯度相似，可以求出各个方向（ Γ_{xx} ，Γ_{xy} ，Γ_{yy} ，Γ_{yz} ，Γ_{xz} ，Γ_{zz} ）上的梯度计算公式：

$$\Gamma_{xx}=G\iiint\frac{2\,(\varepsilon-x)^2-(\zeta-z)^2-(\eta-y)^2}{[(\varepsilon-x)^2+(\eta-y)^2+(\zeta-z)^2]^{5/2}}\delta_i\,\mathrm{d}\varepsilon\mathrm{d}\eta\mathrm{d}\zeta \tag{6.47}$$

$$\Gamma_{xy}=G\iiint\frac{3(\varepsilon-x)(\eta-y)}{[(\varepsilon-x)^2+(\eta-y)^2+(\zeta-z)^2]^{5/2}}\delta_i\,\mathrm{d}\varepsilon\mathrm{d}\eta\mathrm{d}\zeta \tag{6.48}$$

$$\Gamma_{yy}=G\iiint\frac{2\,(\eta-y)^2-(\zeta-z)^2-(\varepsilon-x)^2}{[(\varepsilon-x)^2+(\eta-y)^2+(\zeta-z)^2]^{5/2}}\delta_i\,\mathrm{d}\varepsilon\mathrm{d}\eta\mathrm{d}\zeta \tag{6.49}$$

$$\Gamma_{yz}=G\iiint\frac{3(\zeta-z)(\eta-y)}{[(\varepsilon-x)^2+(\eta-y)^2+(\zeta-z)^2]^{5/2}}\delta_i\,\mathrm{d}\varepsilon\mathrm{d}\eta\mathrm{d}\zeta \tag{6.50}$$

$$\Gamma_{xz}=G\iiint\frac{3(\varepsilon-x)(\zeta-z)}{[(\varepsilon-x)^2+(\eta-y)^2+(\zeta-z)^2]^{5/2}}\delta_i\,\mathrm{d}\varepsilon\mathrm{d}\eta\mathrm{d}\zeta \tag{6.51}$$

$$\Gamma_{zz}=G\iiint\frac{2\,(\zeta-z)^2-(\varepsilon-x)^2-(\eta-y)^2}{[(\varepsilon-x)^2+(\eta-y)^2+(\zeta-z)^2]^{5/2}}\delta_i\,\mathrm{d}\varepsilon\mathrm{d}\eta\mathrm{d}\zeta \tag{6.52}$$

式中，δ_i 为第 i 个物质单元的密度；ε,η,ζ 为第 i 个物质单元的坐标。在实际应用时由于探测目标相距较远，可以忽略其尺寸大小，因此式(6.47)～式(6.52)可简化为

$$\Gamma_{xx}(i,j)=GM\,\frac{3\,(\Delta x(i,j))^2-R\,(i,j)^2}{R\,(i,j)^5} \tag{6.53}$$

$$\Gamma_{xy}(i,j)=GM\,\frac{3\Delta x(i,j)\Delta y(i,j)}{R\,(i,j)^5} \tag{6.54}$$

$$\Gamma_{yy}(i,j)=GM\frac{3\,(\Delta y(i,j))^2-R\,(i,j)^2}{R\,(i,j)^5} \tag{6.55}$$

$$\Gamma_{yz}(i,j)=GM\frac{3\Delta y(i,j)\Delta z(i,j)}{R\,(i,j)^5} \tag{6.56}$$

$$\Gamma_{xz}(i,j)=GM\frac{3\Delta x(i,j)\Delta z(i,j)}{R\,(i,j)^5} \tag{6.57}$$

$$\Gamma_{zz}(i,j)=GM\frac{3\,(\Delta z(i,j))^2-R\,(i,j)^2}{R\,(i,j)^5} \tag{6.58}$$

式(6.53)～式(6.58)中，M 为探测目标的剩余质量；$\Gamma_{mn}(i,j)(m,n=x,y,z)$ 为坐标 (i,j) 处的重力梯度分量值；$R(i,j)$ 为坐标 (i,j) 处探测目标的质心与探测点的距离；$\Delta x(i,j)$，$\Delta y(i,j)$，$\Delta z(i,j)$ 分别为 $R(i,j)$ 在三个坐标轴方向上的投影；$R(i,j)=\sqrt{(\Delta x(i,j))^2+(\Delta y(i,j))^2+(\Delta z(i,j))^2}$。

由图 6.27 中各量的几何关系及式(6.53)～式(6.58)可推导得到球面坐标下 (θ,φ,R) 3 个参数的表达形式为

$$\tan\theta=\frac{\Delta y}{\Delta x}=\frac{\Gamma_{yz}(i,j)}{\Gamma_{xz}(i,j)} \tag{6.59}$$

$$\cos\varphi=\frac{\Delta z}{R}=\sqrt{\frac{1}{\left(\frac{\Gamma_{xy}(i,j)}{\Gamma_{yz}(i,j)}\right)^2+\left(\frac{\Gamma_{xy}(i,j)}{\Gamma_{xz}(i,j)}\right)^2+1}} \tag{6.60}$$

$$R\,(i,j)^5=\frac{GM}{\Gamma_{zz}(i,j)}(3\,(\Delta z(i,j))^2-R\,(i,j)^2) \tag{6.61}$$

$$R\,(i,j)^3=\frac{GM}{\Gamma_{zz}(i,j)}\left(\frac{3\,(\Delta z(i,j))^2}{R\,(i,j)^2}-1\right)=\frac{GM}{\Gamma_{zz}(i,j)}\left[\frac{3}{\frac{R\,(i,j)^2}{(\Delta z(i,j))^2}}-1\right]$$

$$=\frac{GM}{\Gamma_{zz}(i,j)}\left[\frac{3}{\left(\frac{\Gamma_{xy}(i,j)}{\Gamma_{yz}(i,j)}\right)^2+\left(\frac{\Gamma_{xy}(i,j)}{\Gamma_{xz}(i,j)}\right)^2+1}-1\right] \tag{6.62}$$

由此可得

$$\theta(i,j)=\arctan\frac{\Gamma_{yz}(i,j)}{\Gamma_{xz}(i,j)}$$

$$\varphi(i,j)=\arccos\sqrt{\frac{1}{\left(\frac{\Gamma_{xy}(i,j)}{\Gamma_{yz}(i,j)}\right)^2+\left(\frac{\Gamma_{xy}(i,j)}{\Gamma_{xz}(i,j)}\right)^2+1}}$$

$$R(i,j)=\sqrt[3]{\frac{GM}{\Gamma_{zz}(i,j)}\left[\frac{3}{\left(\frac{\Gamma_{xy}(i,j)}{\Gamma_{yz}(i,j)}\right)^2+\left(\frac{\Gamma_{xy}(i,j)}{\Gamma_{xz}(i,j)}\right)^2+1}-1\right]} \tag{6.63}$$

则由式(6.63)在特定的约束条件下,可以求得重力梯度异常反演的定解,确定可疑障碍物的重力位置,获取相对于载体的方位 θ 和距离 R 参数,为潜艇的水下安全航行提供技术保障。

6.7 本章小结

本章详细地研究了基于重力梯度测量探测的基本原理与方法。由于本书的研究主要针对潜艇,因此研究了潜艇上浮时其上方水面可能存在舰艇、水下航行时航线上可能出现其他潜艇或固定障碍物的三种情形,并研究了利用积分反演法确定障碍物相对于载体的方向和距离,从而为潜艇的规避机动提供技术依据。

在研究利用重力梯度观测对水面舰艇探测时,将水面舰艇简化为质量分布在舰艇外壳上的旋转椭球体,计算了该质量分布引起的重力梯度分布情况,同时由于舰艇水线以下船体排开海水造成质量的亏损,计算分析了该部分产生的重力梯度,在计算总梯度时将上述两部分进行代数求和,从而得到水面舰艇在一定距离上产生的梯度大小。本章计算分析了 9000t 舰艇产生的梯度情况,从结果来看,在 500m 左右的距离上该舰艇产生的重力梯度约为 40×10^{-6}E,并且随着距离的增大梯度值急剧减小;在水下以美国俄亥俄级弹道导弹核潜艇为分析对象,以水下排水 18700t 计,对其分析结果为:当该潜艇下潜深度达 300m 时,在其周围 1 海里范围内产生的重力垂直梯度为 10^{-6}E 量级。以当前重力梯度仪的测量精度来看,对运动载体探测的分析结果只具有理论研究意义。针对固定障碍地形探测,分析了半径为 500m 的圆锥形地形产生的重力垂直梯度,结果表明在水平方向距离地形中心 1500m 的距离上产生的梯度就可达到 4E 以上,在载体有效机动避开障碍物的安全距离内梯度值更是达到了几十厄特弗斯,说明利用重力梯度探测是完全可行的。基于重力梯度测量的探测是一个新的研究方向,相对于其他探测手段,它是一种无源、全天候的技术手段,在潜艇的水下安全航行应用方面具有重要的军事价值。

第 7 章　水下探测与导航技术展望

本书提出了基于重力梯度测量进行水下探测和导航的技术思路，为运载体的水下安全航行提供了一种新的技术手段。客观地讲，该技术具有无源的特征，在军事上具有重要的应用价值，但是该技术的应用需要额外地增加重力梯度仪，而当前可供商业化应用的重力梯度仪并不多且价格昂贵，国外的重力梯度仪受诸多原因限制，国内难以购买。国内目前对重力梯度仪的研制尚处于起步阶段，距离实用还有相当长的时间，因而当前的研究多侧重于理论层面[116~118]。由于该技术将来可能应用于工程实践，因此作者对可能涉及的需要解决的技术难题进行了归纳，算是对基于重力梯度测量的水下探测和导航技术工程化应用进行抛砖引玉，期待从事相关研究的同行一起探讨。

1. 对固定障碍物避碰的安全距离问题

本书对固定障碍物探测的推导是在理想情况下展开的，例如，在对海山类等进行探测分析时，设计的场景是在平坦的区域出现了一个凸起的地形，则此时重力梯度仪观测值的变化可以认为是由该凸起造成的。但是在实际工程化应用时，对数据处理需要面对的实际情况为重力梯度仪周围大尺度范围内的海水密度异常、海底地形变化、海洋底土密度变化导致的梯度异常，这些都会无法区分在重力梯度仪的输出值中的体现，如果用等值线图来描述，那么最终呈现的是无规律的复杂的起伏变化，难以判别提取出对自身有危害、需要避开的障碍物引起的梯度。值得庆幸的是，重力梯度仪对近处的密度(或质量异常)异常非常敏感，当距离障碍物比较近时，重力梯度仪输出值的量级会变大(或者出现峰值)，可以预判其周围有障碍物出现，甚至对凸起和凹下的地形通过多个输出值进行组合处理后也可以区分。但是随之而来又出现一个问题，即对于避碰应用，需要考虑安全距离的问题，当重力梯度仪观测值出现大的异常变化时，这也表明搭载重力梯度仪的载体距离障碍物已经非常近，此时进行载体机动规避障碍物的动作能否成功是值得研究的问题，这需要结合载体的吨位、航行速度、航向、相对障碍物的距离等参数来综合分析，以此来论证对该类障碍物探测避碰技术的可行性。

2. 对运动潜器的探测问题

对于动态水下潜器的探测除了与探测固定障碍物一样，可以依据高灵敏度、高精度的重力梯度仪直接进行探测，另外可以采取先期对区域内重力梯度进行观测，绘制成背景场图，在实际应用时又可以分为水面以上和水面以下的立体空间内的探测搜索。一种比较快捷的方式是可以由直升机或者固定翼飞机搭载进行航空搜索，利用重力梯度仪实时进行观测并且与存储的背景场图进行比较，理论上如果出现大的差值，那么可以认为是该区域出现了外来的潜器。另一种方式是采取水下实时观测充分利用重力梯度仪输出值为多个分量的特性综合判读是否有外来潜器的出现。由于重力梯度是矢量场，因此上述两种方式都需要对重力梯度仪所处的高度进行归算，使其与背景场数据处于同一计算高度，才可以做差进行比较分析。

此外，水下平台对外探测时还要考虑漏警、虚警等问题，设备的灵敏度、观测噪声等因素的影响，会导致对近在咫尺的障碍物没有反应而引发漏警问题，由此会酿成大的事故或灾难，因此这是需要严格防止的；而对于由于载体上油料消耗、人员走动导致的质量变化引起的虚警对平台的安全没有大的影响，但是也是需要避免的问题，可以考虑组合运用多种探测手段来解决上述问题。值得说明的是，无论采取何种方式，其根本、首要的要求是重力梯度仪具备非常高的敏感度和可靠的测量精度。

3. 重力梯度仪在载体上的配置问题

在利用重力梯度仪进行探测或导航时需要将梯度仪安装在潜艇的内部，由于重力梯度仪具有对近处质量或密度异常非常敏感的特点，潜艇自身的质量分布、物资的消耗、艇上设备和人员的移动等都会对重力梯度仪的观测输出产生很大的影响，因此在工程化应用时需要重点解决。

作者曾简单分析过潜艇上人员活动对梯度仪的观测也会产生很大的影响。通过计算发现，一个体重为 75kg 的人员在距离梯度仪 10m 的位置引起的梯度为 0.01E，当其距离重力梯度仪 5m 时产生的梯度值为 0.08E，当其距离重力梯度仪 2.5m 时产生的梯度为 0.64E，而当其距离重力梯度仪 1m 时产生的梯度可以达到 10E。由此可见，人员的移动都可以对重力梯度仪的观测值产生如此大的影响，那么潜艇在运行过程中燃料、食品或武器等物资的消耗，从而使得潜艇上的质量分布发生更大的变化，由此引起的梯度会更大程度地影响重力梯度仪的导航、探测等相关工作，这些需要建立适当的模型对重力梯度仪的观测值进行补偿，或者是采取必要的方法对外界的扰动进行屏蔽，以此使重力梯度仪获取比较纯净的载体以外的由于障碍物的出现而导致的梯度变化量，从而实现准确的探测与导航。

因此，利用重力梯度仪无论是导航还是探测，都需要研究分析仪器在潜艇上位置的配置，通过合理的配置或者补偿手段来消除潜艇上因人员走动、物资消耗而导致的潜艇质量分布的变化，从而引起的梯度变化影响重力梯度仪观测结果的输出，这项工作需要在深入研究重力梯度仪的观测特性及不同载体质量分布的基础上展开。

4. 基于重力梯度测量的匹配辅助导航

如第 5 章所述，由于重力梯度观测的特点，重力梯度在辅助惯性导航系统方面具有很重要的作用，作为外部仪器直接对惯性导航系统进行补偿，既可以对引入惯性导航系统的重力扰动进行校正，又可以通过外部的导航信息建立误差模型进行滤波，实现校正惯性导航系统的导航信息。

同时重力梯度作为一种观测量与重力或重力异常一样也可以作为一种参量进行匹配辅助导航。与重力、重力异常匹配辅助导航一样，其准备工作是首先获取航行海域的重力梯度背景场数据，这可以通过两种途径获取，一种是利用重力梯度仪直接观测，通过数据处理后，构建数字背景场图，由于受当前仪器设备条件限制，该方式比较困难；其二是利用其他已有数据反演得到，如重力、重力异常、海底地形等数据都与重力梯度有严格的数学映射关系，在一定条件下可以利用这些数据反演计算得到重力梯度数据，以适当位置的实测数据作为控制点，完成大面积海域重力梯度数据的反演是可行的方法。匹配辅助导航的关键技术是构建可以实时进行匹配处理的算法，当前在重力异常匹配导航领域研究比较成熟且受到认可的算法有ICCP、TERCOM 等，重力梯度匹配辅助导航可以直接参考这些算法。最后需要提出的是，由于重力、重力梯度对地球重力场的不同频谱敏感，因此可以考虑综合应用重力、重力梯度数据，实现技术互补，从而获取更可靠的匹配结果。

5. 全加速度计惯性导航与重力梯度组合系统

目前，在惯性导航系统内一个新的研究方向是基于全加速度计的无陀螺惯性导航系统(GFINS)的研制，它仅采用加速度计作为测量角运动和线运动的惯性传感器，依据加速度计的输出信号实现类似于传统有陀螺惯性导航系统的导航参数解算功能，与惯性导航系统的测量一样，它致力于消除外界重力干扰的影响而获取载体的运动加速度。对于重力梯度仪，其观测过程中的信号源为外界重力的变化，载体的加速度则是其噪声，需要予以消除。鉴于惯性导航系统与重力梯度仪在观测时一方的信号恰为另一方的噪声的特点，有学者提出将基于全加速度计的惯性导航系统与重力梯度仪进行组合，形成一个功能强大的观测系统，该方面的研究在加速度计精度提高的前提下是一个很好的发展方向。

参 考 文 献

[1] 纪金耀，夏天，肖汉华．“迪卡斯”声呐浮标探潜盲区与潜艇的规避分析[J]．指挥控制与仿真，2009，31(2)：54～58.

[2] 崔峰．现代声呐技术[J]．装备与技术，2005，2：30～33.

[3] 吴俊伟，曾启明，聂莉娟．惯性导航系统的误差估计[J]．中国惯性技术学报，2002，10(6)：1～5.

[4] 秦永元，张洪钺，汪叔华．卡尔曼滤波与组合导航原理[M]．西安：西北工业大学出版社，1998.

[5] 孙晔飞，聂其武．从美核潜艇触礁看非战时潜艇事故原因[J]．国防科技，2005，8：53～58.

[6] 海鹰．美军核潜艇关岛触礁内幕[J]．焦点话题，2005，3：17～21.

[7] 刘有钟．海图上的水深可信吗？从核潜艇撞上没有标注的海底山峰谈起[J]．海山写生，2005，5：32～33.

[8] 任雨．卫星潜艇美俄英法对对碰[J]．世界知识，2009，5：24～27.

[9] 唐洪亮，李继光，刘锡敬．静电陀螺仪在潜艇导航技术中的应用及展望[J]．四川兵工学报，2009，30(9)：128～131.

[10] Clive A，Albert J. Passive gravity gradiometer navigation system[C]//IEEE PLANS' 90：Position Location and Navigation Symposium，1990，5：60～66.

[11] Jircitano A，Dosch D. Gravity aided inertial navigation system (GAINS) [C]//ION 47th Annual Meeting Proceedings，1991：21～29.

[12] Rice H，Mendelsohn L，Aarons R，et al. Next generation marine precision navigation system [C]//IEEE Position Location and Navigation Symposium，2000：200～205.

[13] Moryl J，Rice H，Shinners S. The universal gravity module for enhanced submarine navigation[C]//IEEE Position Location and Navigation Symposium (PLANS'98) Record，1998：20～23.

[14] 刘承香．水下潜器的地形匹配辅助定位技术[D]．哈尔滨：哈尔滨工程大学博士学位论文，2003.

[15] 成怡．多源海洋重力数据融合技术研究[D]．哈尔滨：哈尔滨工程大学博士学位论文，2008.

[16] 王虎彪．基于重力异常和重力梯度的水下辅助导航技术研究[D]．武汉：中国科学院测量与地球物理研究所博士学位论文，2010.

[17] 郑彤．海底地形匹配辅助导航技术研究[D]. 武汉:海军工程大学博士学位论文,2008.

[18] 王志刚．水下重力匹配辅助导航定位技术研究[D]. 武汉:海军工程大学博士学位论文,2009.

[19] 吴太旗．重力场辅助水下导航技术研究[D]. 武汉:海军工程大学博士学位论文,2009.

[20] Rice J A. Undersea networked acoustic communication and navigation for autonomous mine-countermeasure systems[C]//Proceedings of the 5th International Symposium on Technology and the Mine Problem,Monterey,2002:17～24.

[21] Joseph A R. Enabling undersea ForceNet with SeaWeb acoustic networks[C]//Proceedings of the 5th International Symposium on Technology and the Mine Problem,Monterey,2002:81～89.

[22] Ian F A,Dario P,Tommaso M. Underwater acoustic sensor networks:research challenges[J]. Ad Hoc Networks,2005,3:257～279.

[23] Morgan J. Anti-submarine warfare—a phoenix for the future[J]. Undersea Warfare,1998,1(1):37-45.

[24] Bruce M H,James H M. Integrated acoustics systems for ocean observatories[C]//Proceedings,Ionospheric Effects Symposium,2006:86～92.

[25] 单忠伟,陈伏虎,白兴宇．基于 UUV 的水下警戒探测技术和发展趋势[J]. 声学与电子工程,2009,94:45～48.

[26] 李汉清,戴修亮．美国海军正在发展的水下探测系统[J]. 情报指挥控制系统与仿真技术,2004,26(4):37～38.

[27] 宁津生,罗志才,陈永奇．重力梯度数据用于精化重力场的研究[J]. 中国工程科学,2002,4(7):23～28.

[28] 李纪莲,罗诗途,张玘．航空重力梯度仪研究现状[J]. 微计算机信息(测控自动化),2008,24(5-1):121～123.

[29] 许炳如．重力垂直梯度的几个问题[J]. 西安石油学院学报,1988,32(2):81～89.

[30] 张赤军．几种规则形体的引力垂向导数及其应用[J]. 地壳形变与地震,1999,19(2):32～37.

[31] 骆遥,姚长利．复杂形体重力场、梯度及磁场计算方法[J]. 地球科学(中国地质大学学报),2007,32(4):517～522.

[32] 方俊．重力测量与地球形状学(上册)[M]. 北京:科学出版社,1965.

[33] 赵立珍,彭益武,周泽兵．基于扭矩测量的二维簧片重力梯度仪的设计[J]. 大地测量与地球动力学,2006,26(2):128～133.

[34] 舒晴,周坚鑫,尹航．航空重力梯度仪研究现状及发展趋势[J]. 物探与化探,2007,31(6):485～488.

[35] 罗嗣成．旋转加速度计重力梯度仪[D]. 武汉:华中科技大学硕士学位论文,2007.

[36] 吴星．卫星重力梯度数据处理理论与方法[D]. 郑州:解放军信息工程大学博士学位论文,2009.

[37] Gerber M A. Gravity gradiometry[J]. Astronautics and Aeronautics,1978,16:18～26.

[38] Lowrey J A,Shellenbargar J C. Passive navigation using inertial navigation sensors and map [J]. Naval Engineers Journal,1997,5:245～251.

[39] 彭益武,赵立珍,屈少波,等．二维簧片重力梯度仪的研制[J]. 物探与化探,2006,30(5):401～409.

[40] Justin A R. Gravity gradiometer aided inertial navigation within non-GNSS environments [D]. America:University of Maryland,2008.

[41] 李海兵,蔡体菁．旋转加速度计重力梯度仪误差分析[J]. 中国惯性技术学报,2009,17(5):525～528.

[42] 王树甫,孙枫,郝燕玲,等．旋转加速度计重力梯度仪标度因子调整方法及误差补偿研究[J]. 中国惯性技术学报,2008,8(4):31～34.

[43] 边少锋,纪兵．重力梯度仪的发展及其应用[J]. 地球物理学进展,2006,21(2):660～664.

[44] Moody M V,Paik H J. 惯性导航用的超导重力梯度仪[J]. 舰船导航,2005,5:18～27.

[45] 翟振和,吴富梅．基于原子干涉测量技术的卫星重力梯度测量[J]. 测绘通报,2007,2:5～6.

[46] 边少锋．新型重力测量技术及其在导航和重力测量中的应用[J]. 测绘科学,2006,31(6):47～48.

[47] 印建平,王正岭．玻色-爱因斯坦凝聚(BEC)实验及其最新进展[J]. 物理学进展,2005,25(3):235～257.

[48] 张昌达．玻色-爱因斯坦凝聚和重力测量——2001 年度诺贝尔物理学奖评介[J]. 地质科技情报,2001,20(4):107～110.

[49] 郭振华,王清君,刘晓弘．2001 年度诺贝尔物理学奖与玻色-爱因斯坦凝聚[J]. 宝鸡文理学院学报(自然科学版),2002,22(1):79～80.

[50] 籍利平,李丹．原子干涉仪——一种新型重力仪[J]. 测绘技术装备,2002,4(4):32～36.

[51] Oberthaler M K,Bernet S. Inertial sensing with classical atomic beams[J]. Physical Review,1996,4:3166～3176.

[52] Godun R M,Darcy M B,Summy G S. Prospects for atom interferometry[J]. Contemporary Physics,2001,2:77～95.

[53] Boshier M G,Maccormick C. Atom interferome-try with bose-Einstein condensates[J]. Atomic Physics,2002,3:189～192.

[54] 李润兵,王谨,詹明生．冷原子干涉仪及空间应用[J]. 空间的物理学专题,2008,37(9):

652～657.

[55] Lamporesi G, Bertoldi A, Cacciapuoti L, et al. Phys. Rev. Lett., 2008, 100: 050801.

[56] Dimopoulos S, Graham P W, Hogan J M, et al. Phys. Rev. Lett., 2007, 98: 111102.

[57] Petelsk T. Atom interferometers for precision gravity measurements [D]. Florence: University of Florence, 2002.

[58] Yu N, Kohel J M. Progress towards a spaceborne quantum gravity gradiometer[C]//Pasadena: Jet Propulsion Laboratory, 2002: 127.

[59] Yu N, Kohel J M, Kellog J R. Towards a Space2borne Quantum Gravity Gradiometer: Progress in Laboratory Demonstration[R]. Adelphi: Jet Propulsion Laboratory, 2005.

[60] 海斯卡涅 W A，莫里兹 H. 物理大地测量学[M]. 北京：测绘出版社，1979.

[61] 边少锋. 大地测量边值问题数值解法与地球重力场逼近[D]. 武汉：武汉测绘科技大学博士学位论文，1992.

[62] Bian S F, Sun H Q. The expression of common singular integrals in physical geodesy[J]. Manuscripta Geodaetica, 1994, 19: 62～69.

[63] Bian S F. Some cubature formulas for singular integrals in physical geodesy[J]. Journal of Geodesy, 1997, 71: 443～453.

[64] 边少锋，许江宁. 计算机代数系统与大地测量数学分析[M]. 北京：国防工业出版社，2004.

[65] 王虎彪，王勇，陆洋，等. 联合多种测高资料确定西太平洋海域 $2' \times 2'$ 重力梯度[J]. 地球物理学进展，2009，24(3)：852～858.

[66] 张赤军，边少锋，周旭华，等. 可见地形的分布与大地水准面的精化[J]. 自然科学进展，2007，17(11)：1577～1582.

[67] 武凛，胡维，马杰，等. 基于重力异常分析的重力梯度图制备方法[J]. 华中科技大学学报(自然科学版)，2009，37(11)：57～60.

[68] Luo Z C, Chen Y Q. Evaluation of geo-potential models EGM96, WDM94 and GPM98CR in Hong Kong and Shenzhen[J]. Journal of Geospatial Engineering, 2002, 4(1): 21～30.

[69] 荣敏，周巍，陈春旺. 重力场模型 EGM2008 和 EGM96 在中国地区的比较与评价[J]. 大地测量与地球动力学，2009，29(6)：123～125.

[70] 刘晓刚，邓禹，叶修松，等. EGM96 与 EGM2008 地球重力场模型精度比较[J]. 海洋测绘，2010，30(2)：55～57.

[71] 申文斌，鄢建国，晁定波. 重力场的局部虚拟向下延拓以及利 EGM96 模型的模拟实验检验[J]. 武汉大学学报(信息科学版)，2006，31(7)：589～593.

[72] 黄谟涛，翟国君，管铮，等. 海洋重力场测定及其应用[M]. 北京：测绘出版社，2005.

[73] 宁津生，罗佳，王正涛. 卫星重力与地球重力场[J]. 地理空间信息，2008，6(1)：1～5.

[74] 郑伟，许厚泽，钟敏，等. 地球重力场模型研究进展和现状[J]. 大地测量与地球动力学，

2010,30(4):83～90.

[75] 宁津生,李建成,罗志才. 我国地球重力场研究的进展[J]. 东北测绘,2002,25(4):6～9.

[76] 许厚泽. 重力测量技术及重力学研究进展——二十三届 IUGG 大会评述[J]. 地理空间信息,2003,1(3):3～4.

[77] 纪兵. 卫星重力梯度测量相关技术研究[D]. 郑州:解放军信息工程大学硕士学位论文,2005.

[78] 章传银,郭春喜,陈俊勇,等. EGM 2008 地球重力场模型在中国大陆适用性分析[J]. 测绘学报,2009,38(4):283～289.

[79] Pavlis N K,Holmes S A,Kenyon S C,et al. An Earth Gravitational Model to Degree 2160: EGM2008[R]. Vienna: Presented at the 2008 General Assembly of the European Geosciences Union,2008.

[80] 刘晓刚,吴晓平,赵东明,等. EGM96 和 EGM2008 地球重力场模型计算弹道扰动引力的比较[J]. 大地测量与地球动力学,2009,29(5):62～67.

[81] 李珊珊,吴晓平,陈少明. 重力辅助惯性导航中重力归算的垂直梯度计算[J]. 测绘科学,2008,33(2):10～12.

[82] 王虎彪,王勇,许大欣,等. 重力垂直梯度数据地图特征及其辅助导航[J]. 中国惯性技术学报,2010,18(1):93～96.

[83] 张赤军,边少锋. 地面扰动重力垂直梯度的确定[J]. 地球物理学进展,2005,20(4):969～973.

[84] 松本刚. 利用深海潜水艇进行海底重力测量[J]. 海洋地质动态,2002,18(1):28～30.

[85] 吴晓平,李珊珊,张传定. 扰动重力边值问题与实际数据处理的研究[J]. 武汉大学学报(信息科学版),2003,28(5):73～78.

[86] 吴太旗,黄谟涛,边少锋. 高精度惯性导航系统的重力场影响模式分析[J]. 测绘通报,2009,5:5～8.

[87] 陈永冰,钟斌. 惯性导航原理[M]. 北京:国防工业出版社,2007.

[88] 杨立溪. 国外惯性技术的发展现状与展望[J]. 导航与控制,2004,3:58～62.

[89] 万德钧. 舰用惯性技术的现状与发展[J]. 海军大连舰艇学院学报,2003,26:1～4.

[90] 马林立. 潜艇惯性技术[M]. 青岛:海军潜艇学院出版社,2008.

[91] 苏雪峰,覃方君,许江宁,等. 一种六加速度计无陀螺惯性导航系统安装误差校准方法研究[J]. 海军工程大学学报,2007,19(4):102～105.

[92] 周红进,许江宁,刘睿. 基于加速度计的无陀螺惯性导航系统设计与仿真[J]. 系统工程与电子技术,2007,29(7):1209～1212.

[93] 周永余,许江宁,高敬东. 舰船导航系统[M]. 北京:国防工业出版社,2006.

[94] 陆仲连,吴晓平,丁行斌,等. 弹道导弹重力学[M]. 北京:八一出版社,1993.

[95] 万德钧,房健成．惯性导航初始对准[M]. 南京:东南大学出版社,1998.

[96] 陈永冰,边少锋,刘 勇．重力异常对平台式惯性导航系统误差的影响分析[J]. 中国惯性技术学报,2005,13(6):21～30.

[97] Vandcrwcrf K. Schuler pumping of inertial velocity errors due to gravity anomalies along a popular north pacific airway[J]. IEEE,1996:642～648.

[98] Wei M, Schwarz K P. Flight test results from a strap down airborne gravity system[J]. Journal of Geodesy,1998,72:323～332.

[99] Hanson P O, Honeywell I. Correction for deflections of the vertical at the runup site[J]. IEEE,1988:288～296.

[100] Hays K M, Schmidt R G, Wilson W A, et al. A submarine navigation for the 21st century [C]//IEEE Position Location and Navigation Symposium,2002:179～188.

[101] Nash Jr R A. Effect of vertical deflections and ocean currents on a maneuvering ship[J]. IEEE Transactions on Aerospace and Electronic Systems,1968,AES-4(5):719～727.

[102] 董绪荣,张守信,华仲春．GPS/INS组合导航定位及其应用[M]. 长沙:国防科学技术大学出版社,1998.

[103] 李斐,束蝉方,陈武．高精度惯性导航系统对重力场模型的要求[J]. 武汉大学学报(信息科学版),2006,31(6):508～511.

[104] 黄谟涛,管铮,翟国君,等．海洋重力测量理论方法及其应用[M]. 北京:海潮出版社,1997.

[105] 徐遵义,晏磊,宁书年,等．海洋重力辅助导航的研究现状与发展[J]. 地球物理学进展,2007,22(1):104～109.

[106] 金际航．重力扰动对惯性导航系统的位置误差影响分析[J]. 武汉大学学报(信息科学版),2010,35(1):30～32.

[107] 金际航．地球扰动重力场变化对惯性导航定位误差影响研究[D]. 武汉:海军工程大学博士学位论文,2010.

[108] Carl G. Accuracy Improvement in a Gravity Gradiometer-aided Cruise Inertial Navigator Subjected to Deflections of the Vertical [R]. Boston: AIAA Guidance and Control Conference,1975.

[109] 施桂国,周军,葛致磊．一种多地球物理特征匹配自主导航方法[J]. 西北工业大学学报,2010,28(1):18～22.

[110] 孙鹏飞．重力梯度法的应用及改进[D]. 长春:吉林大学硕士学位论文,2008.

[111] 纪兵,刘敏,吕良,等．重力梯度仪在水下安全航行中的应用[J]. 海洋测绘,2010,20(6):23～25.

[112] 纪兵,陈良友,边少锋．利用重力梯度测量探测海底障碍地形的模拟研究[J]. 武汉大学学

报(信息科学版),2011,36(4):495～497.

[113] 孙岚,李厚朴,边少锋,等. 基于重力梯度的潜艇探测方法研究[J]. 海洋测绘,2010,30(2):24～27.

[114] 武凛,马杰,周瑶,等. 重力场匹配导航的全张量重力梯度基准图模拟[J]. 系统仿真学报,2009,21(22):7037～7041.

[115] 董希贵,黄东武. 特定环境下水下地形和碍航物的复合探测[J]. 海洋测绘,2004,24(2):32～36.

[116] 王庆宾,江东,赵东明,等. 重力垂直梯度测量探测能力的正演[J]. 测绘科学技术学报,2011,28(3):161～164.

[117] 蒋东方,边少锋,纪兵,等. 重力梯度测量在水下安全航行中的应用[J]. 海军工程大学学报,2013,25(6):7～11.

[118] 江东. 重力梯度测量探测地下人造空洞的研究[D]. 郑州:解放军信息工程大学硕士学位论文,2012.

附录　主要符号说明

符号	说明
E	重力梯度单位(厄特弗斯),$1\mathrm{E}=10^{-9}/\mathrm{s}^2$
Γ	重力梯度张量
mGal	重力异常单位,$1\mathrm{mGal}=10^{-5}\mathrm{m/s}^2$
G	万有引力常数
Δg	重力异常
γ	地球正常重力
W	地球重力位
U	地球正常重力位
T	地球扰动重力位
a	参考椭球长半径
b	参考椭球短半径
e	参考椭球第一偏心率
f	参考椭球扁率
N	大地水准面高
ξ	垂线偏差子午分量
η	垂线偏差卯酉分量
B	大地纬度
L	大地经度
φ	地理纬度
λ	地理经度
ζ	高程异常

彩　　图

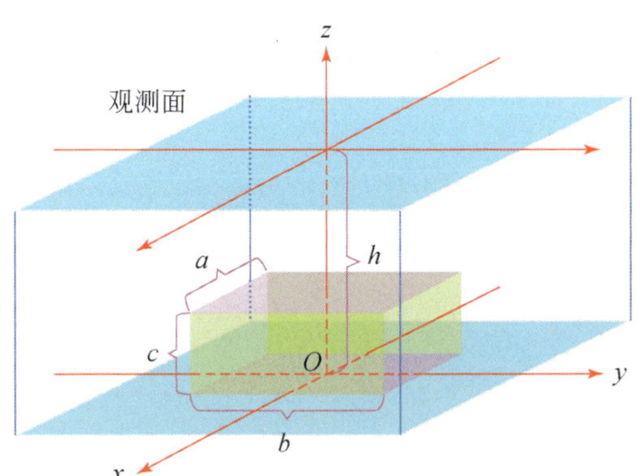

图 2.7　长方体形地质体重力梯度计算模型示意图

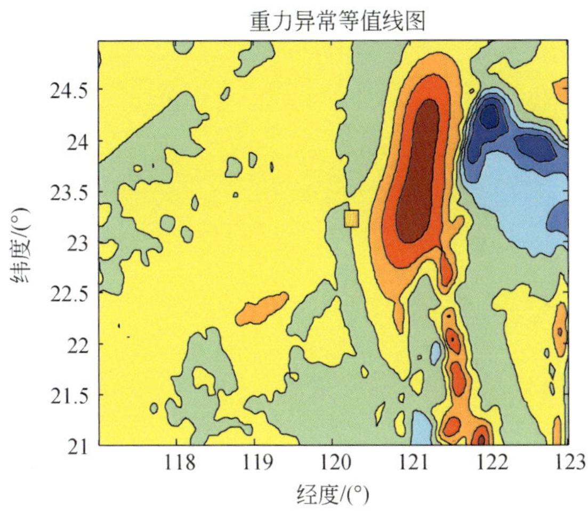

图 4.2　计算区域重力变化情况

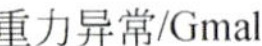

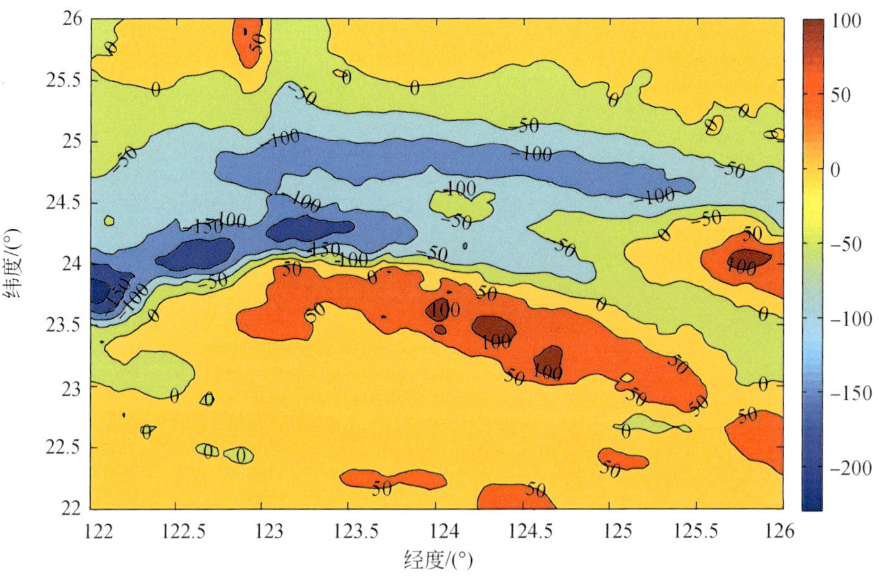

图 4.9　试算区重力异常

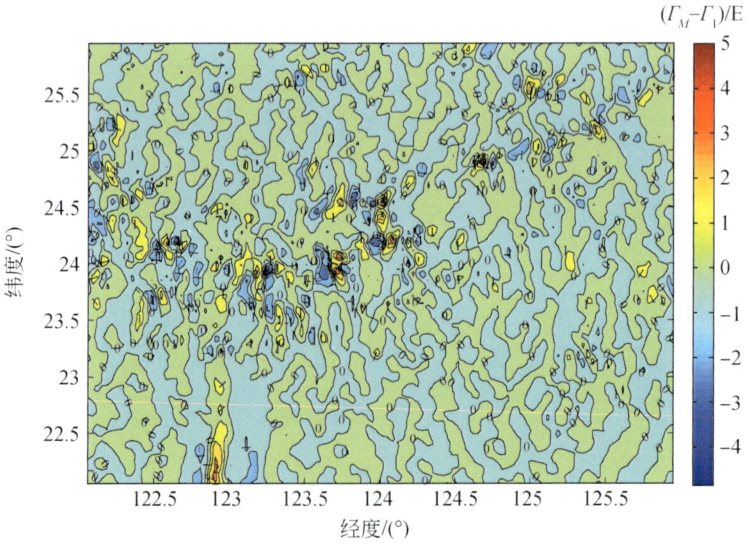

图 4.10　$\Gamma_M-\Gamma_1$ 示意图

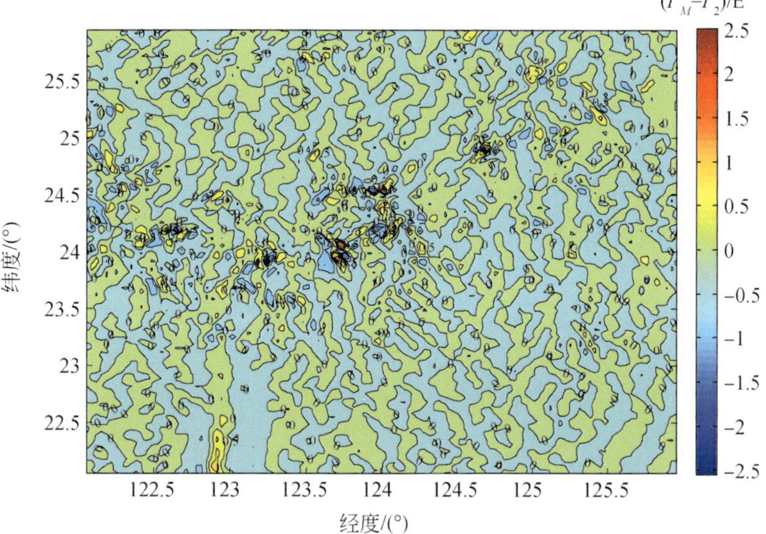

图 4.11　$\Gamma'_M-\Gamma_2$ 示意图

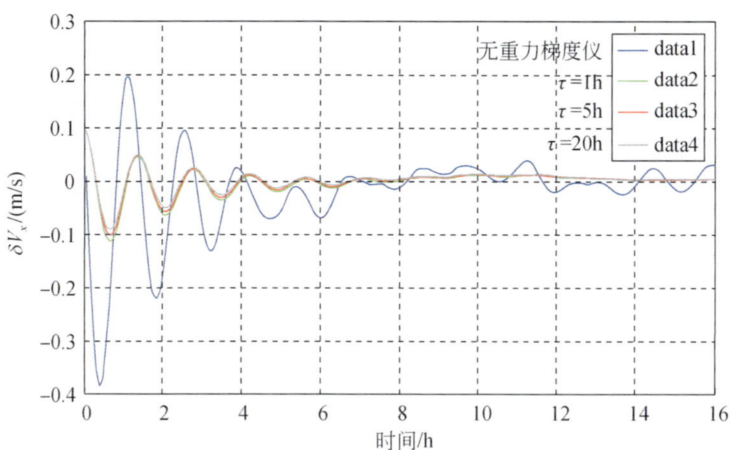

图 5.14　不同积分常数条件下的速度误差分析

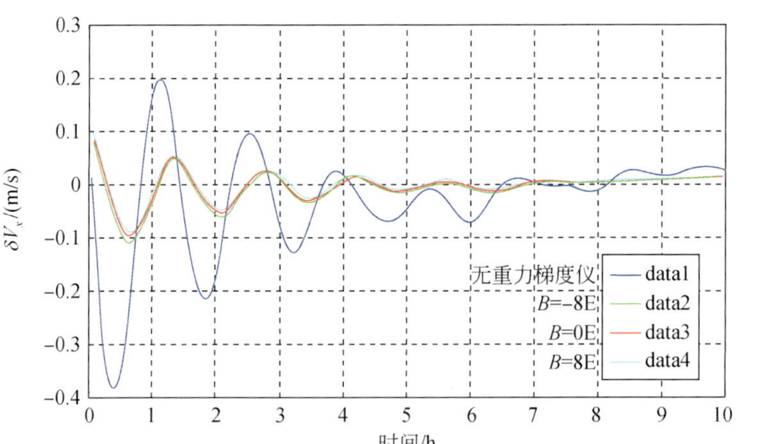

图 5.16 重力梯度仪不同测量误差条件下的速度误差($v = 3$m/s)

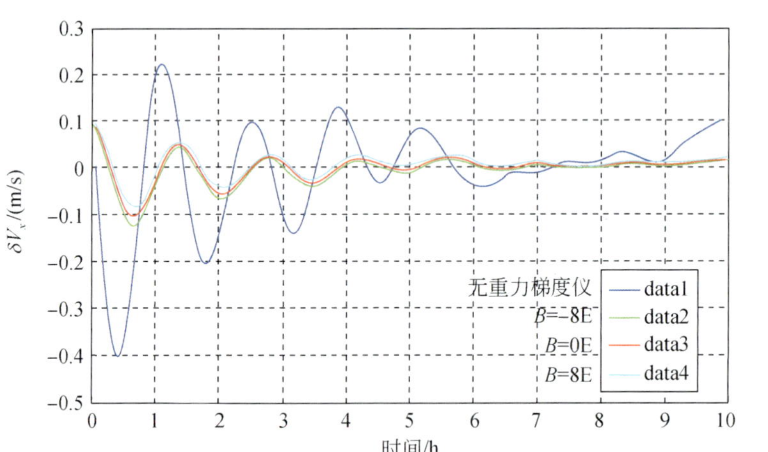

图 5.18 重力梯度仪不同测量误差条件下的速度误差($v = 6$m/s)